KB184928

100가지 물건으로 보는
우주의 역사

100가지 물건으로 보는 우주의 역사

NASA 과학자가 선정한 인류의 지혜로운 도구들

발행일 초판 1쇄 2025년 1월 8일

지은이 스텐 오덴발드
옮긴이 홍주연
펴낸곳 스테이블
기획편집 고은주, 박인이
디자인 박정호

출판등록 2021년 1월 6일 제320-2021-000003호
주소 서울시 관악구 조원로 137 602호
전화 02-855-1084
팩스 0504-260-4253
이메일 astromilk@hanmail.net
블로그 blog.naver.com/stable_cat
SNS instagram.com/cat_eat_book

ISBN 979-11-93476-11-6 (03440)

모두의 인문학
04

NASA 과학자가 선정한
인류의 지혜로운 도구들

100가지 물건으로 보는 우주의 역사

스텐 오덴발드 지음

스테이블

추천의 글

이 책은 흥미로운 이야기로 가득하다. 그래서 어떤 순서로 읽어도 즐겁다. 하지만 우주를 이해하는 일에 발휘된 인류의 창의력을 속속들이 알고 싶다면 처음부터 끝까지 순서대로 읽는 편이 좋다. 저자인 스텐 오덴발드는 모든 페이지에 놀라운 이야기를 숨겨 놓았다. 그 시작은 수만 년 된 돌조각이다. 별로 특별할 것 없어 보일지 몰라도 이것은 이후에 이어지는 모든 중대한 발견의 토대가 된다!

물건 하나하나의 이야기가 모두 신기하고 재미있다. 이 모든 이야기를 합치면, 달력을 만들고 들판을 측량하던 초기 인류가 불과 수천 년 만에 전 세계로 퍼져 나가 온갖 것을 탐구하고, 망원경을 만들어 우주의 비밀까지 밝히게 된 놀라운 역사가 된다. 저자는 물건들을 단지 설명하는 데 그치지 않고 그 물건을 중심으로 성장한 지식 체계와 인류의 역사를 함께 엮는다.

이 책에는 천문학자들의 도구인 성도와 천체 목록, 계산기와 지도, 망원경과 위성, 태양계를 탐사하는 로봇들이 실려 있다. 하지만 우주여행의 영역 밖에서 더 익숙한 물건들도 함께 소개된다. 예를 들면 고무 오링(Oring, 물 따위가 새는 것을 막는 데 쓰는 원형 고리)은 정원의 호스나 스쿠버 장비에서 흔히 볼 수 있지만 로켓 연료 부스터의 부품들 사이를 메우는 밀폐재로도 사용된다. 이 물건이 책에 실린 이유는 우주탐사 역사상 최악의 비극이었던 챌린저 우주왕복선 사고의 원인이기 때문이다. 이러한 작은 물건의 반대쪽 극단에는 인간이 만든 가장 복잡한 기계라고 불리는 대형 강입자 충돌기가 있다. 자세한 설명은 이후에 나오겠지만 이 기계는 우리가 우주의 기원을 이해하는 방식을 바꿔 놓았다.

이 책을 읽고 나면 인간의 창의력이 얼마나 빠르게 가속화했는지 실감할 수 있을 것이다. 맨 처음에 실린 두 유물 사이의 간격은 3만 년이 넘지만 마지막에 실린 두 물건 사이의 간격은 거의 없다. 여기서 읽을 수 있는 메시지는 명확하다. 인간은 마음만 먹으면 (그리고 자원만 있다면) 뭐든 이뤄 낼 수 있다는 것이다! 그러니 우리 앞에는 여전히 수많은 도전이 기다리고 있다. 이 책에 실린 100개의 물건 이야기를 읽고 난 후에는 이런 질문이 절로 떠오른다.

'인간의 능력에 과연 한계라는 게 있을까?'

존 매더

존 매더는 미국의 천체물리학자이자 우주론 학자로 2006년 '노벨 물리학상'을 수상했다. 허블 우주 망원경의 뒤를 이은 제임스 웹 우주 망원경 프로젝트의 선임 연구원이기도 하다.

서문

우주는 광대하기 그지없고 역사도 길다. 현재 추정하는 우주의 나이는 140억 년에 조금 못 미친다. 우주의 규모에 비하면 인간이 이를 탐구하고 이해하기 시작한 짧은 역사는 대단할 것도 없고 심지어 하찮아 보이기까지 한다. 지구 바깥의 대부분은 우리에게 여전히 미지의 영역이다.

하지만 인간은 관찰을 멈추지 않았다. 우주의 본질과 진화를 발견해 온 과정은 아마도 인류의 가장 흥미진진한 이야기 중 하나일 것이다. 고고학적 증거들에 따르면 인류는 수만 년 전, 혹은 그보다 더 오래전부터 호기심에 이끌려 물리적 세계 너머의 영역을 꿈꿔 왔고, 자신들의 발견을 기록해 왔으며, 이제 우리는 과거의 문명이 남긴 유물을 통해 그 사실을 밝혀내고 있다. 고대의 태음력 달력, 항성 시계, 수정 렌즈 같은 선사시대 유물은 우주탐사의 역사를 생각할 때 가장 먼저 떠오르는 도구는 아니겠지만, 이것들이 없었다면 우주여행은 존재하지 않았을 것이다.

《100가지 물건으로 보는 우주의 역사》는 보통의 우주를 다룬 책들과는 다르다. 여기에 실린 100개의 물건은 여러분이 이미 잘 알고 있는 히트작이 아니라, 우주 역사의 흐름을 바꿔 놓은 획기적이고 유용한 도구나 기술이지만 그 이름이 널리 알려지지 않은 경우가 대부분이다.

물론 우주탐사의 역사에서 가장 중요한 100개의 물건을 고르는 것은 쉽지 않았다. 알아야 할 가치가 있는 물건을 모두 싣는다면 1,000쪽은 족히 채울 수 있을 것이고, 중요성의 순위는 어떻게 매기든 주관적일 수밖에 없기 때문이다. 그래서 나는 과학자의 눈으로 우주의 원리에 대한 인간의 지식이 크게 도약하는 데 물리학과 공학이 기여한 방식의 흐름을 보여 주는 데 초점을 맞췄다.

닐 암스트롱이 인류 최초로 달에 발을 디딘 것은 누구나 알고 있다. 그러나 우주복이 없었다면 그도 달착륙선 안에만 있어야 했을 것이다. 우주 공간에서 바라본 지구의 모습을 찍은 그 유명한 사진도 핫셀블라드 카메라가 없었다면 존재할 수 없었을 것이다.

위와 같은 예는 그밖에도 많다. 이 책에 실린 100개의 물건들은 인간이 우주를 이해하는 데 큰 진전을 가져왔지만 그중 상당수는 이름도 들어 본 적 없었을 가능성이 높다. 그러나 이 새로운 발견을 통해 독자들은 무한한 상상력에 자극을 받고, 우주에 대한 인식과 지혜를 더하는 시간을 갖게 될 것이다.

스텐 오덴발드

차례

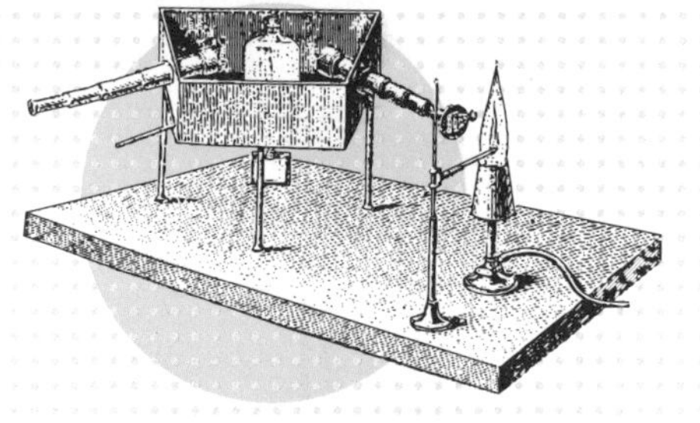

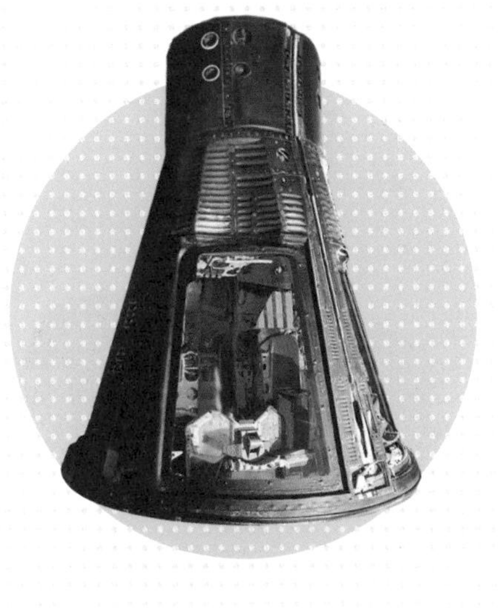

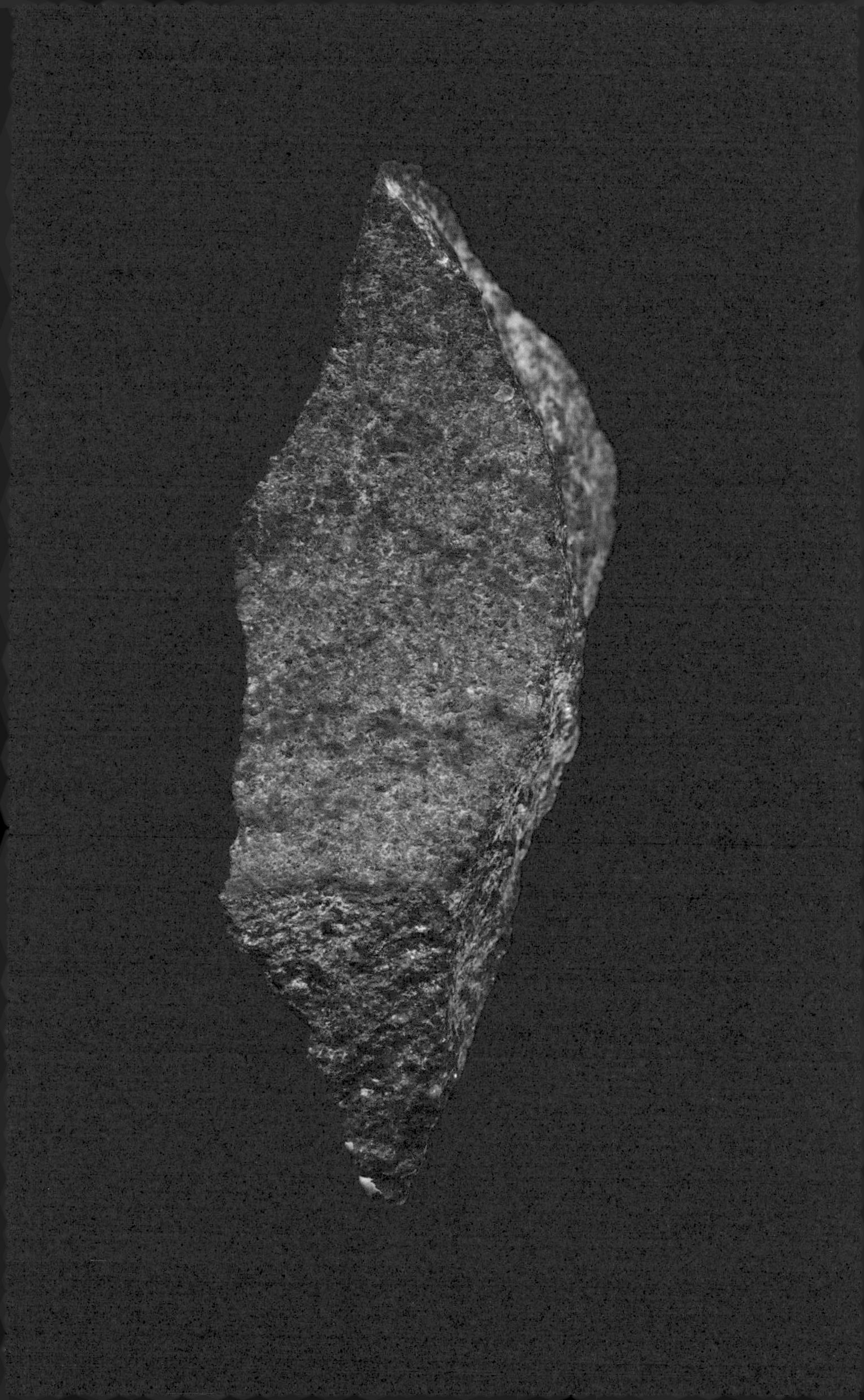

1

블롬보스 동굴의 황토 그림

우주를 이해하기 위한 첫걸음

기원전 7만1,000년

우주의 광대함은 인간이 지각할 수 있는 세계를 넘어서기 때문에 그 개념을 조금이라도 이해하려면 주변 환경을 상징과 추상으로 바꾸는 법을 먼저 배워야 했다. 또한 우주에 대한 지식은 그 어떤 한 사람의 두뇌 용량과 수명으로도 감당할 수 없기 때문에, 개인이 알게 된 것들을 기록해 영구적인 지식 체계를 구축하고 그것을 다음 세대의 탐사자들에게 전수하는 법도 배워야 했다. 조상들이 언어를 발명하기 전에 과연 얼마나 우주의 수많은 경이로움을 알았는지는 알 방법이 없다. 그러나 적어도 그들이 세계를 정량적(양을 헤아려 정하는 것)으로 이해하기 위한 길을 이미 걷고 있었다는 힌트 정도는 찾을 수 있다.

1991년, 남아프리카공화국 케이프타운에서 동쪽으로 약 300km 거리에 위치한 블롬보스 동굴 안에서 고고학자 크리스토퍼 헨실우드(노르웨이 베르겐 대학교 교수)가 이끄는 연구팀이 기원전 10만 년경 석기시대에 그곳에 살았던 호모사피엔스(Homo Sapiens, 생각하는 사람이라는 뜻으로 네안데르탈인과 현생 인류를 포함한다)의 흔적을 발견했다. 여러 거주자들이 동굴을 거쳐 갔고 저마다 조개껍질, 창 촉, 뼈로 만든 도구를 남겼다. 가장 놀라운 유물은 그로부터 20년 후에 발견됐다. 유물들을 닦던 한 연구자가 가로 1.3cm, 세로 3.8cm 정도의 작은 돌조각 위에 뚜렷하게 그어져 있는 붉은 선들을 발견했다. 헨실우드 연구팀은 이 선이 약 7만3,000년 전 황토로 만든 일종의 크레용을 사용해 그은 것이라는 사실을 밝혀냈다!

이 선들을 정확히 어떤 의미로 그은 것인지는 알 수 없다. 그러나 십자로 그은 선의 형태를 보면 일부러 그은 것이 명백해 보이기 때문에 고고학자들은 이것을 의도된 시각적 표현으로 해석한다. 그렇다면 이것은 인간이 손으로 그린 가장 오래된 그림이 된다.

무엇을 나타내기 위해 그은 선인지 모르더라도 이 단순한 그림의 중요성만큼은 부인할 수 없다. 문자 언어와 수학의 탄생을 가능하게 해준 기호 사용의 기원을 보여 주는 유물이기 때문이다. 따라서 어떻게 보면 이 그림은 인류가 지닌 창의성의 빅뱅이자 지식의 폭발을 불러온 시작점이라고 할 수 있다.

그 후 인간의 추상은 별들을 향했다. 일부 전문가들은 약 2만 년 전, 인류가 프랑스 라스코 동굴에 남긴 화려한 동물 그림 속에 포함된 도형과 점의 패턴이 황도대(태양을 도는 주요 행성들의 행로)의 별자리들을 나타낸 것이라고 믿는다. 만약 이것이 사실이라면 우리 조상들은 아주 먼 옛날부터 열렬하게 하늘을 관찰했던 것이다.

2

아브리 블랑샤르 뼈 판

고대의 태음력

기원전 3만 년

선사시대 조상들의 삶은 그다지 안정적이지 못했다. 약 3만 년 전 끼니를 보장받을 수 없었던 수렵 채집인들은 주요 식량인 동물들의 이동을 쫓으며 많은 시간을 보냈다. 동물들은 계절과 함께 변화하는 서식지의 기후와 기온에 따라 일정한 패턴으로 이동한다. 인간이 먹을 수 있는 식물과 열매도 자신들이 자라나는 계절의 리듬을 따른다.

그런데 이런 것들이 우주탐사와 어떤 관계가 있을까? 식량 사정을 예측할 수 없었던 조상들은 여러 가지 방법으로 예측의 도구가 되어줄 기초과학을 발달시킬 수밖에 없었다. 그들은 자연의 순환 과정을 예측할 수 있는 반복적 패턴을 찾기 위해 주변 환경을 관찰했다.

조상들이 신뢰할 수 있는 패턴을 가장 많이 찾아낸 곳은 아마도 하늘이었을 것이다. 달의 형태는 약 29일에 걸쳐 변화하고 그 주기가 반복되는 것처럼 보였다. 태양은 한 방향(동쪽)에서 떠서 반대 방향(서쪽)으로 지고 두 방향이 바뀌는 일은 없었다. 하늘의 별들이 이루는 별자리는 다달이 서쪽으로 이동했지만 별자리 자체의 형태는 고정돼 있었다. 오늘날 오리온자리라고 부르는 별자리는 언제나 오리온(Orion, 그리스 신화의 거인 사냥꾼)처럼 보였고 전갈자리는 언제나 전갈 모양이었다. 그리고 하늘 전체는 매일 밤 고정된 점을 중심으로 회전하는 것처럼 보였다. 그래서 언제든 북극성의 방향을 알 수 있었기에 겨울에는 따뜻한 곳을, 여름에는 시원한 곳을 찾아가는 여행자들이 길잡이로 삼을 수 있었다.

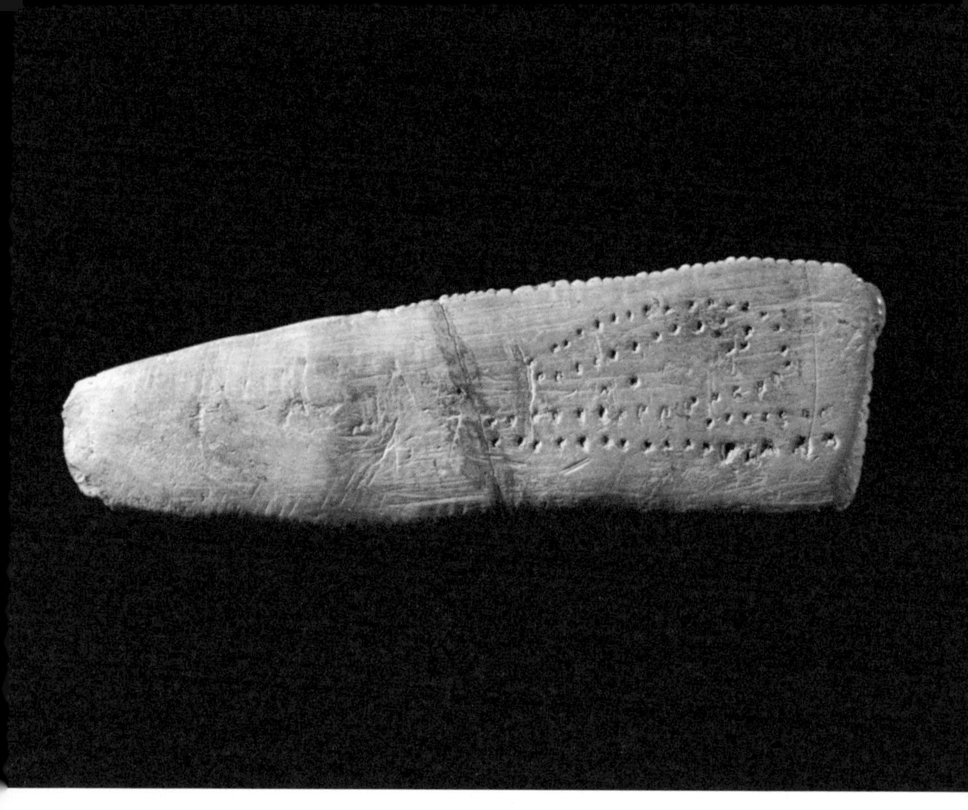

조상들이 기원전 3만 년경부터 주의 깊게 하늘을 관찰했다는 사실은 풍부한 고고학적 증거를 바탕으로 확신할 수 있다. 사슴뿔이나 다른 재료 위에 새겨진 수많은 달의 형태와 달의 29일 주기를 계산하는 체계가 그 시기부터 등장했기 때문이다. 그중에서도 가장 눈에 띄는 유물은 발견 장소인 프랑스 남서부의 동굴 이름을 딴 아브리 블랑샤르 뼈 판이다.

이 납작한 뼛조각에는 초승달과 둥근 보름달 모양 사이를 오가는 일련의 홈이 새겨져 있다. 일부 전문가들은 이 홈들을 7개씩 묶어서 초승

◀ 프랑스 남서부의 블랑샤르 돌 주거지 터에서 발견된 뼈 판. 인위적으로 만든 형태 위에 무늬가 새겨져 있다. 현재 하버드 대학교 피바디 박물관에 소장 중.

▼ 뼈 판의 그림을 잘 보면 달의 위상이 변화하는 형태가 더 잘 보이도록 음영 처리를 했다.

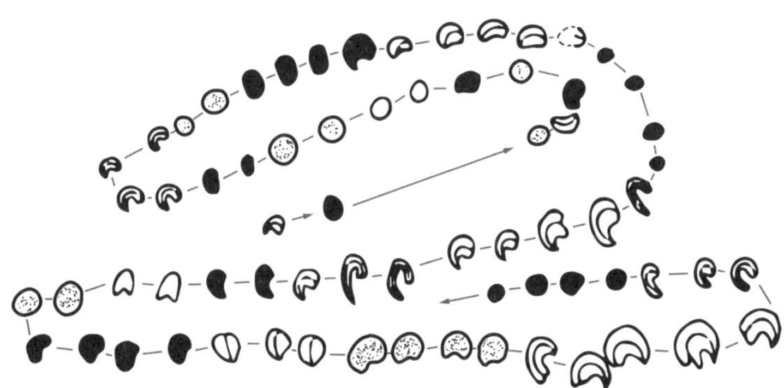

달부터 반달까지, 반달부터 보름달까지, 다시 보름달부터 반달까지, 다시 반달부터 초승달까지의 단계를 나타낸 것이라고 주장한다. 가설에 불과할 뿐이지만 이 뼛조각은 조상들이 자연의 예측 가능한 주기를 기록으로 남기는 일이 중요하다고 생각했음을 보여 주는 증거다. 그리고 이러한 생각은 이후에 있을 다채로운 과학적 발견과 진보의 토대가 되었다.

3

이집트 항성시계

천체의 정량화를 위한 첫 시도

기원전 2100년

시간을 기록하는 일에 능숙했던 고대 이집트인들은 인류가 별과 태양의 움직임을 이해하는 데 중요한 이정표가 된 유물들을 풍부하게 남겼다. 지금으로부터 4,000년도 더 전에 만들어진 오벨리스크(Obelisk, 위쪽으로 갈수록 가늘어지는 거대한 돌기둥이자 기념비)는 그림자를 통해 시간의 흐름을 보여 준다. 기원전 13세기에 만들어져 룩소르 인근 왕가의 계곡에서 발견된 최초의 해시계는 오벨리스크에서 기술적으로 크게 도약한 수준은 아니었다.

그러나 기원전 2100년경에 고대 이집트인들은 십분각을 이용한 시간 기록 체계를 개발했는데 기술적으로 해시계보다 훨씬 더 놀라운 방식이다. 십분각은 시간과 날짜를 측정하는 데 사용되던 36개의 연속적인 별자리를 가리키는 말이다. 열흘마다 새로운 십분각이 일출 직전에 출현했는데, 이집트인들은 이 주기 전체에 5일의 경축일을 더해 1년이 되도록 했다. 한 해의 시작은 첫 번째 십분각인 시리우스 자리의 출현과 함께 시작되었으며, 이것은 생명의 원천이자 나일강의 범람을 알리는 전조였다. 밤에는 지구의 자전에 따라 40분에 한 번씩 새로운 십분각이 떠올랐고, 이 시간 단위를 십분각 시(時)로 정의했다. 이러한 달력 체계는 기원전 2100년보다 더 오래전에 만들어졌을 것으로 추정되지만 지금까지 남아 있는 가장 오래된 기록은 대략 이 시기의 것이다.

십분각 항성시계는 이집트 제10왕조 시대(기원전 2160~2040년경)부

▲ 이집트 아시우트에 있는 제11왕조 시대의 목관 뚜껑에 그려진 항성시계.

▼ 지금까지 알려진 가장 오래된 해시계. 기원전 13세기경의 것으로 이집트 룩소르에 있는 왕가의 계곡에서 발견됐다.

터 관 뚜껑 위에 등장하기 시작했다. 고대 이집트인들은 십분각 별자리의 형태를 자세하게 묘사하기보다는 십분각에서 밝게 빛나는 별마다 하나씩, 총 36개의 상형문자를 일렬로 단순하게 나열해 나타냈다. 21쪽 위쪽의 사진은 이집트 중부 나일 강변의 아시우트라는 도시에 있는 제11왕조 시대 고위 관리 이디의 무덤 속에서 발견된 관 뚜껑이다. 중앙판 전체를 가로지르며 일렬로 배열된 문자들은 십분각을 의미한다.

항성시계는 고대인들이 천체에 지속적으로 관심을 가졌음을 보여주는 또 하나의 예이며, 천체 주기를 추적하고 예측하는 능력의 비약적인 발전을 의미한다. 관 뚜껑의 십분각은 하늘에서 볼 수 있는 것들을 정량화하려고 시도한 최초의 기록이며, 이것이 향후 수천 년간 발전할 현대 천문학과 천체물리학의 기초가 되었다.

4

네브라 하늘 원반

휴대용 플라네타륨

기원전 1600년

청동으로 만들어진 네브라 하늘 원반은 지름 30cm, 무게 2kg 정도로 그 형태가 워낙 독특해서 처음에는 위조품으로 여겨졌다. 1999년, 독일 네브라 시(현재 작센안할트 주) 인근의 한 숲에서 두 명의 아마추어 보물 사냥꾼이 이 유물을 발견한 후 불법적으로 반출해 판매상에게 팔아넘겼다. 경찰이 다방면으로 수사를 펼친 끝에 2002년, 한 고고학자가 발견하게 되면서 현재는 독일 할레에 있는 주립 선사박물관에 소장돼 있다.

원반에 덮인 녹청을 면밀하게 연구해 보니 위조품이 아니라 대단히 오래된 유물이었다. 발굴 장소 근처에서 발견된 자작나무 껍질 조각으로 방사성 탄소 연대 측정을 해 본 결과 매장 시기는 기원전 1,600~1,560년 사이로 추정되지만, 엄밀히 따지면 이 원반은 땅속에 묻히기 몇십 년 전 혹은 몇백 년 전에 제작되었을 수도 있다. 이는 청동기 시대의 놀라운 예술 작품이기도 하지만, 여러 가지 특징 덕분에 우주탐사의 역사에서도 중요한 자리를 차지하게 되었다.

정교하게 만들어진 이 원반은 천체를 관측한 결과를 세심하고 놀랍도록 정확하게 묘사한다. 첫째, 원반 안의 형태는 보름달 혹은 태양과 초승달을, 원반 위의 점들은 별을, 한데 모여 있는 7개의 점은 가장 쉽게 눈으로도 볼 수 있는 성단인 플레이아데스를 나타낸다. 둘째, 원반의 가장자리에 둘려 있는 2개의 곡선은 82도의 각도를 이루는데, 이것

은 원반이 발굴된 위치의 위도에서 하지와 동지 때 일몰 위치의 각도 차이와 거의 일치한다.

영국의 스톤헨지 같은 거대한 유적들이 천체의 배열에 따라 지어진 것으로 추정된다는 사실은 널리 알려져 있다. 즉 수천 년 전부터 조상들은 태양과 달의 움직임을 정확하게 기록한 것이다. 네브라 하늘 원반은 하지점과 동지점을 찾는 용도의 가장 오래된 휴대용 도구로서 청동기 시대에도 천체의 움직임을 관찰하는 것이 일상의 필수적인 한 부분이었음을 보여 준다. 아마도 이러한 지식은 농작물의 생산량을 관리하는 데 도움이 되었을 것이다.

네브라 하늘 원반은 그 형태만으로도 우주탐사의 역사에서 중요한 위치를 차지한다. 태양, 달, 별의 형태를 사실적으로 묘사한 가장 오래된 유물이기 때문이다.

5

암미사두카의 금성 판

현대 천문학의 기초가 된 문서

기원전 1500년

암미사두카의 금성 판은 바빌로니아인들이 천체 관측 결과를 평판에 기록해 놓은 '에누마 아누 엔릴' 가운데 63번째 것이다. 여기에는 약 21년에 걸쳐 금성(태양에서 둘째로 가까운 행성으로 크기는 지구와 비슷하다)이 뜨는 시간과 일출이나 일몰 무렵 지평선에 가장 먼저 또는 가장 늦게 보이는 시간이 쐐기문자(세계 최초의 문자)로 기록돼 있다. 예를 들어 첫해에는 "금성은 샤바투(바빌로니아력에서 11번째 달) 15일에 지고 3일 후인 샤바투 18일에 뜬다"고 적혀 있다.

현재 대영 박물관에 소장된 높이 18cm, 너비 10cm, 두께 2.5cm 정도의 이 평판은 아시리아의 왕인 아슈르바니팔의 도서관에 있던 수많은 쐐기문자 점토판 중 하나로, 1850년대 이라크 니네베에서 발굴된 3만 개가 넘는 유물들 사이에서 발견되었다.

이 금성 판의 이름이 된 바빌론 제1왕조의 왕 암미사두카는 함무라비 이후 4번째 왕으로 21년간 평화롭게 바빌론을 통치했다. 금성은 사랑, 성(性), 생식, 전쟁, 정치적 권력의 여신인 이슈타르와 관련된 행성으로 바빌로니아의 신화에서 중요한 역할을 담당했다. 이 행성의 운행을 예측하는 일은 왕을 대신해 예언을 하는 데 대단히 중요했으므로 세심하게 관찰하고 기록해야 했다.

금성 판은 천문학 분야의 기초가 된 놀라운 문서다. 금성이 뜨고 지는 시각을 20년 넘게 예측한 이 문서는 천체의 현상이 규칙적인 주기에 따라 일어난다는 사실을 인류가 알고 있었음을 보여 주는 가장 오래된 증거다. 이러한 예측을 위해서 수학을 사용했음을 보여 주는 최초의 증거이기도 하다. 이 두 가지 혁신이 없었다면 현대 천문학은 존재하지 못했을 것이다.

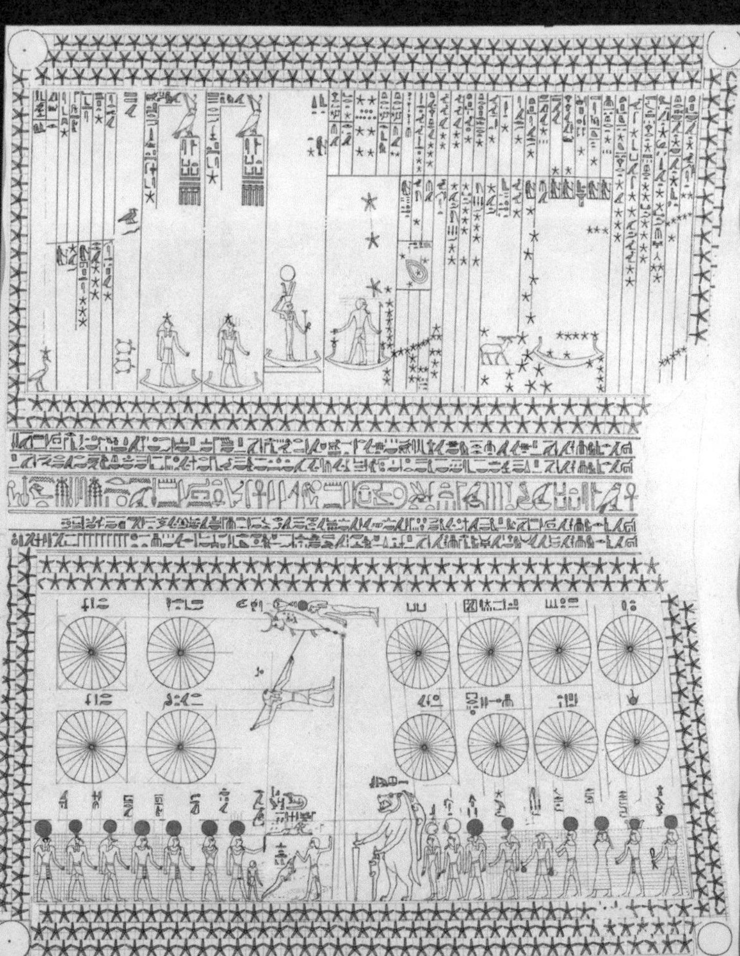

6

세넨무트의 성도

세밀하게 묘사한 하늘

기원전 1483년

어떻게 보면 우주를 바라보고 이해하는 방식이 급격하게 발달한 요즘이 우주에 대한 인식 측면에서는 오히려 암흑시대가 아닐까? 이제 별을 올려다보면서 시간을 보내는 사람은 많지 않다. 아니, 어쩌면 더 적합한 명칭은 '빛의 시대'일지도 모른다. 도시화가 진행되고 인공조명이 보급되면서 지구상에는 빛 공해의 피해를 입지 않는 곳이 거의 없을 정도다. 그 결과 하늘의 세세한 부분이 보이지 않게 되어 별을 관측하는 이들에게도 예전만큼 볼거리가 많지 않다.

그런 면에서 볼 때 고대 이집트의 건축가이자 고위 관료였던 세넨무트의 성도(星圖, 천체의 위치와 운행을 나타낸 그림)는 하늘이 인간의 일상에 미치는 영향이 최고조에 달했던 시대를 상징하는 유물이다. 하늘을 상세히 묘사한 이 그림은 고대 이집트인들에게 항성과 행성이 무엇보다 중요했음을 보여 준다.

투트모스 2세가 파라오였던 시절 왕실에 들어간 세넨무트는 여성 파라오인 하트셉수트 치하에서 고위 관리직에 올랐다. 그는 기원전 1479~1458년경 데이르 엘 바흐리에 세워진 하트셉수트의 장엄한 장제전(고대 이집트에서 죽은 왕을 위한 제사를 치르던 신전)을 설계한 건축가로 알려져 있다. 미완성 상태로 남은 세넨무트의 무덤 천장에는 하늘을 정교하게 묘사한 수많은 그림이 그려져 있다. 제18왕조 시대에 이집트인들이 하늘에 관해 알고 있던 모든 지식과 역법(曆法, 천체의 주기적

현상을 기준으로 한 해의 절기 등을 정하는 방법)이 요약된 작품이다. 가장 인상적인 것이 바로 28쪽의 그림이다. 위의 칸 중앙에 수직으로 배열된 3개의 별은 오리온자리(이집트인들은 오시리스라고 불렀다)의 허리띠 부분을 나타내며 그 바로 아래에 배에 탄 인물이 오시리스다. 그 왼쪽 칸에는 그의 여동생이자 아내인 이시스(시리우스)가 2개의 깃털이 달린 왕관을 쓰고 서 있다. 이시스의 왼쪽으로는 그들의 아들인 호루스가 그려진 2개의 칸이 있는데 각각 목성과 토성을 나타낸다. 그 옆에는 거북이가 있고, 맨 왼쪽 칸에는 베누(이집트 신화 속 불사조)가 금성을 머리에 얹고 있다.

가운데에는 세넨무트에게 올리는 다섯 줄의 기도문이 적혀 있다. 그리고 그 아래에 12개의 원이 그려졌는데 음력 열두 달을 의미한다. 각 원은 24칸으로 나뉘어 있는데 한 칸이 하루를 뜻하는 것으로 보인다. 중앙에 세로로 배열된 작품들은 주극성(지평선 아래로 온종일 지지 않는 별)을 나타낸 것으로 맨 위쪽에 있는 황소는 꼬리 부분의 별들로 보아 큰곰자리임을 알 수 있다. 황소와 마주 보고 있는 매의 머리를 하고 창을 든 인물은 바빌로니아 신화에 등장하는 최고신 아누다. 그는 백조자리를 나타내는 것으로 보인다. 아래에는 한 남자가 악어와 싸우는 그림이 있는데 이것은 용자리와 작은곰자리의 별들을 의미한다. 그리고 그 오른쪽에 악어를 등에 진 하마와 비슷한 존재의 모습은 목동자리, 거문고자리, 헤라클레스자리, 용자리의 별들을 나타낸 것으로 추정된다.

이처럼 세넨무트의 성도를 통해 고대 이집트인들이 천문학적 우주를 어떤 식으로 바라봤는지, 신과 시간 감각을 어떻게 서로 결부시켰는지에 관해 알 수 있게 됐다.

7

메르크헤트

천문학과 건축의 결합

기원전 1400년

시간을 거슬러 올라갈수록 우리가 오래전 세대에 대해 아는 것은 줄어든다. 그들이 남긴 물건이 시간의 흐름에 따라 마모되고 파괴되었기 때문이다. 주로 남아 있는 유물의 종류는 처음부터 견고하게 만들어진 문명의 기념물들이다. 예를 들면 피라미드의 사면(전후좌우의 모든 방면)은 52도의 경사를 이루는데 이집트어로 '세케드'라고 부른다. 이 경사각의 정확성은 고대 이집트인들이 건설 과정에서 삼각형의 도구나 틀을 이용했음을 유추할 수 있게 한다. 하지만 이러한 도구는 보통 썩기 쉬운 나무와 끈으로 만들어져서 지금은 대부분 사라지고 없다.

그러나 다행히도 몇몇 증거들이 무덤 속에 보존돼 있다가 발견됐다. 가장 기초적인 도구는 고대 이집트 제19왕조 시대의 예술가 센네젬의 무덤에서 발견돼 현재 카이로의 이집트 미술관에 소장된 직각자, 추, 수준기(면이 평평한가 아닌가를 재거나 기울기를 조사하는 데 쓰는 기구)가 있다. 돌을 쌓을 때 모서리를 직각으로 맞추거나 무덤 또는 기념물의 공사 현장을 평평하게 고르는 데 쓰인 이 도구들은 훗날 하늘의 별 위치를 더욱 정확하게 측정하는 도구들의 선구자 격이기도 하다.

이 도구들 중 가장 눈에 띄는 것은 '앎의 도구'라는 뜻의 메르크헤트(Merkhet)다. 고대 이집트인들은 추가 달린 줄과 막대로 이루어진 이 도구를 땅 위로 늘어뜨려 건물의 축과 천문학적 정렬을 결정했다.

우주탐사의 맥락에서 더 중요한 점은 메르크헤트가 밤에 시간의 흐름을 측정하는 용도로 쓰였다는 사실이다. 2개의 메르크헤트를 동시에 사용해 하나는 북극성에, 다른 하나는 자오선(하늘을 큰 공으로 생각했을 때 관측자의 머리 위를 지나면서 남극과 북극을 연결하는 원)에 맞춘 다음 남북을 잇는 선 위에서 별들의 움직임을 추적해 시간을 측정했다. 고대의 문헌에 따르면 또 다른 조준 도구를 메르크헤트와 함께 사용해 북쪽 방향을 찾기도 했다. 이처럼 메르크헤트는 천문학적 측정의 정확도를 비약적으로 높임으로써 인류가 우주를 이해하는 방식에 혁신을 가져왔다.

아래 사진의 메르크헤트에는 아멘호테프 3세가 질서와 조화의 여신 마아트를 태양신에게 봉헌하는 모습이 그려져 있다. 현재 루브르 박물관에 소장돼 있으며 기원전 1400년경의 물건으로 추정된다.

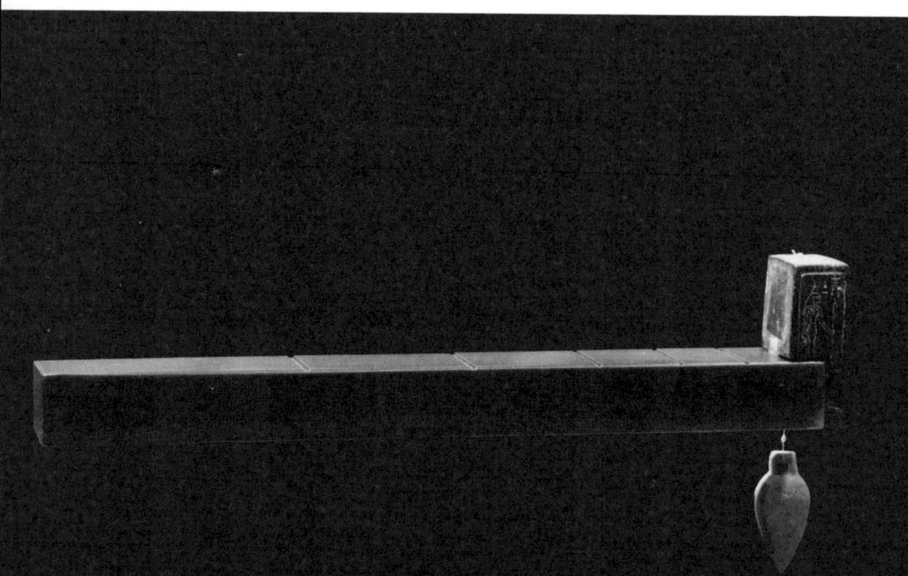

8

님루드 렌즈

망원경 작동을 위한 기본 요소

기원전 750년

천문학 분야에서 가장 중요한 발명품 중 하나인 망원경이라고 하면 오늘날 사용하는 복잡한 도구만 떠올릴지도 모르겠다. 그러나 굴절 망원경의 작동을 위한 기본 요소는 수천 년 전부터 그대로였다.

가장 핵심적인 요소는 렌즈다. 초기의 렌즈는 투명한 석영의 하나인 수정을 주로 다듬어 만들었다. 세계에서 가장 오래된 렌즈인 '님루드 렌즈'는 기원전 750~710년의 것으로 1850년, 현재 이라크에 속하는 고대 아시리아의 도시 님루드 유적지에서 영국인 고고학자 오스틴 헨리

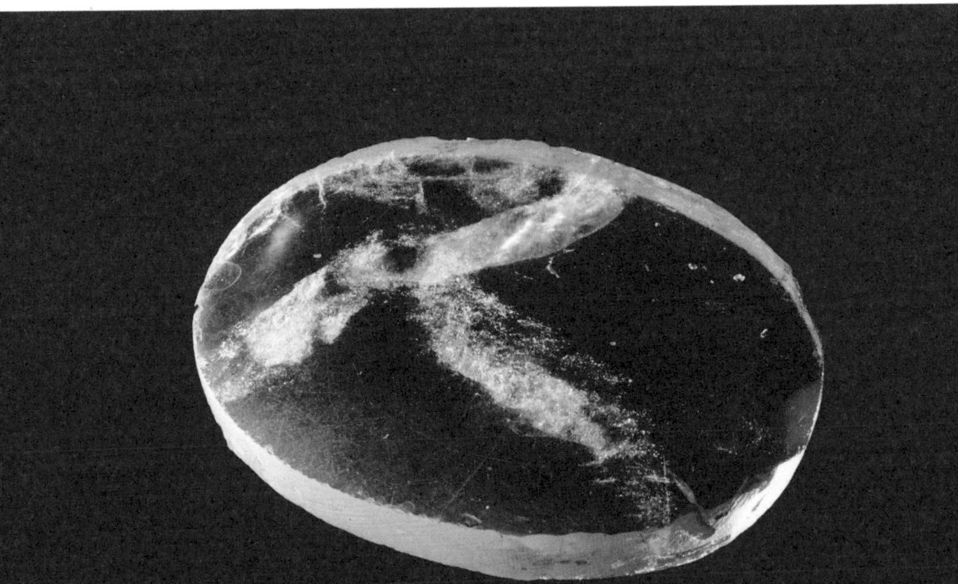

레이어드가 발견했다. 지름 1.3cm, 두께 0.25cm 정도인 이 수정 원반의 초점 거리는 약 12cm로 물체를 3배 정도 확대해 볼 수 있다. 이 렌즈가 어떤 용도로 사용되었는지는 확실히 알려지지 않았다. 불을 피우기 위해 햇빛을 모으는 데 쓰였을 수도 있고, 일부 고고학자들의 주장대로 단지 장식용 부적에 불과할지도 모른다. 하지만 근처에서 발견된 다른 유물들 위에 아주 작은 글자들이 새겨져 있었던 점을 생각하면 돋보기 용도로 사용되었을 가능성도 있다.

대단한 돋보기라고 할 수는 없지만 만약 이 가설이 사실이라면 광학 분야에서 매우 중요한 유물이라고 할 만하다. 렌즈는 곡선형의 표면으로 빛을 모으거나 분산시켜 상을 맺게 하는 도구다. 님루드 렌즈 같은 볼록렌즈의 경우 실제보다 더 가까이 있는 것처럼 보이게 만든다. 즉, 렌즈를 통해 우주에서 오는 빛을 굴절시켜 멀리 있는 천체를 눈앞에 있는 것처럼 상세히 볼 수 있게 해주는 굴절 망원경의 원리와 동일하다.

9

그리스의 혼천의

최초의 천체 계산기

기원전 300년

혼천의는 천체의 운행과 위치를 관측하는 장치로, 보통 지구의 자전축 각도인 23.5도로 기울어져 있는 여러 개의 고리로 이루어져 있으며, 회전이 가능하고 속이 비어 있는 구형이다. 구를 가로지르는 각각의 고리들은 천구의 적도(지구의 적도면을 우주 공간까지 연장한 면), 황도(태양·달·행성이 이동하는 궤도), 자오선을 나타낸다. 나중에 만들어진 혼천의들에는 남회귀선과 북회귀선, 남극권과 북극권을 나타내는 고리도 추가되었다. 그리고 그 안에는 대개 지구를 나타내는 작은 구체가 들어 있다.

최초의 혼천의는 고대 그리스인들이 만들었다. 천문학자인 히파르코스에 따르면 혼천의를 발명한 사람은 에라토스테네스(기원전 276~194년경)였다. 중국에서는 서기 78~139년경에 살았던 장형이라는 천문학자가 독자적인 혼천의를 발명했다. 서기 3세기 무렵이 되자 혼천의는 동서양의 천문학자들 모두가 태양·달·행성의 운행과 관련된 계산을 할 때 사용하는 도구가 되어 있었다. 보통 지구의 자전축 각도에 맞춰 놓고 회전시키면서 다양한 천문학적 영역의 위치를 확인하는 데 쓰였다. 시계 장치로 자동화해 매일 하늘의 움직임에 따라 회전하게 만들기도 했다. 시간이 흐르면서 혼천의는 대중적인 교육 도구가 되었고, 예술가들은 종종 초상화 속에 혼천의를 그려 넣어 자신의 후원자가 지적 교양을 갖춘 사람임을 암시했다.

혼천의는 기원전 2세기부터 널리 사용되었지만 이 기계 장치가 중세와 르네상스 시대까지 온전히 남아 있었는지에 대한 기록은 많지 않다. 1582년, 이탈리아의 천문학자 안토니오 산투치가 만든 정교한 혼천의는 지금까지 남아 있는 가장 오래된 것 중 하나로 현재 스페인의 엘 에스코리알 수도원 도서관에 소장돼 있다. 혼천의를 그린 그림들은 더 오래된 것도 남아 있다. 1476년, 유스튀스 반 헨트가 그린 작품 속에는 그리스의 천문학자 프톨레마이오스가 혼천의를 들고 있는 모습이 그려져 있다.

◀ 안토니오 산투치의 혼천의.

▶ 유스튀스 반 헨트가 그린 혼천의를 들고 있는 프톨레마이오스의 초상화.

10

디옵트라

별의 정확한 위치를 기록하다

기원전 200년

별의 위치는 측정이 가능하고, 측정해야 한다는 개념은 천문학 분야에서 가장 획기적인 아이디어였다. 육지를 측량해 지도를 만드는 것은 그 역사가 1만 년도 넘은 오래된 기술이다. 하늘의 지도를 만들기 위해 고대 측량사들은 자신들의 도구를 하늘 쪽으로 돌렸다. 앞서 소개한 고대 이집트의 메르크헤트가 그러한 시도의 예다. 고대 그리스인들은 여기서 한 단계 더 나아가 디옵트라(Dioptra)라는 도구를 이용해 별의 위치를 실제로 측정하기 시작했다. 유클리드는 기원전 300년경에, 게미누스는 기원전 70년경에 각자 자신들의 천문학 책에 이 도구를 언급했다. 안타깝게도 오늘날 남아 있는 기록은 이 도구의 외형에 관한 언급뿐이다. 고대 그리스의 수학자이자 기술자인 헤론(서기 10~70년경)은 측량 용도의 디옵트라를 만들고 사용하는 방법에 관한 책을 썼다.

헤론의 디옵트라는 삼각대 위에 회전하는 원판을 장착한 형태다. 조절 가능한 나사와 수준기, 원판에 장착된 관측 장치로 천체를 관측한 후 원판을 돌려서 또 다른 천체를 관측해 두 천체 사이의 정확한 각도를 알아냈다. 또한 지평선 위로 별이 떠오르는 각도를 측정하는 용도로 쓰기도 했다.

세월이 흐르면서 디옵트라는 세오돌라이트(Theodolite)라는 도구에 자리를 내주게 된다. 세오돌라이트가 처음 언급된 자료는 1571년의 측량학 교과서인 《기하학 연습 판토메트리아(A Geometric Practice Named

Pantometria)》였다. 망원경이 발명된 후에는 원래 있던 관측 장치 대신 2개의 축을 중심으로 움직이는 틀에 작은 망원경을 장착해 사용했다. 도 단위의 눈금이 새겨진 반원 위를 수직 축이 움직이면서 몇 분의 1도 단위까지 측정할 수 있었다. 그러나 두 도구 모두 기본 원리는 같다. 하늘을 관찰하는 장치와 두 천체 사이의 각거리를 측정하는 장치를 결합한 것이다.

디옵트라와 그 뒤를 이은 도구들은 훗날 정확한 성도를 만드는 데 중요한 발판이 되었고 21세기 신기술로 대체되기 전까지 널리 사용되었다. 이처럼 육안으로 하던 추정의 자리를 정밀한 측정이 대신하게 된 것은 사실상 우주와 관련된 모든 기술과 발전의 초석이 되었다.

▶ 헤론의 디옵트라 복원도.

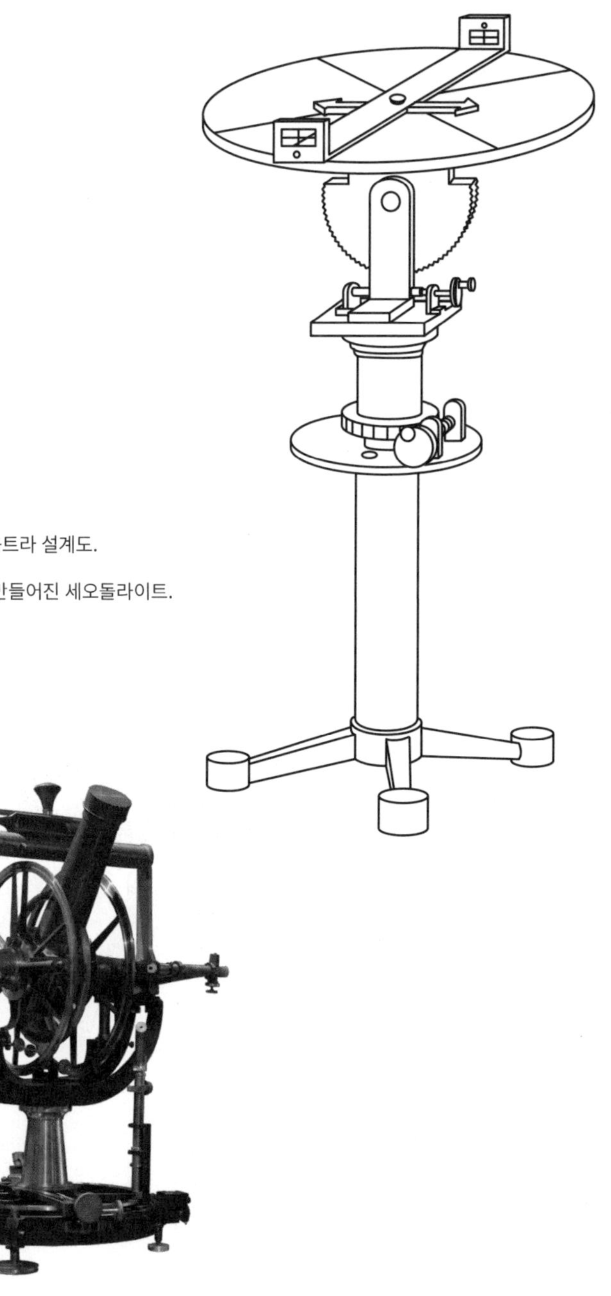

▶ 헤론의 디옵트라 설계도.

▼ 1851년에 만들어진 세오돌라이트.

11

안티키테라 기계

휴대용 천체 계산기

기원전 200년

1911년, 그리스의 안티키테라 섬 앞바다에 가라앉아 있던 고대 난파선에서 독특한 유물이 발견됐다. 그리고 1년 후, 고고학자 발레리오스 스타이스가 이 유물 속에서 톱니바퀴를 찾아낸다. 이 바퀴는 청동으로 된 물건의 일부로 나무 상자의 잔해와 한데 섞여 있었으며, 크기는 33×18×9cm 정도였다. 스타이스는 처음에 이것이 항해 도구라고 주장했지만 대부분의 학자는 난파선의 연대가 기원전 205~60년 정도인 것을 생각하면 너무 발달된 형태라고 생각했다. 그 후 후속 연구가 이루어지지 않다가 21세기 중반에 과학사학자인 데릭 솔라 프라이스와 물리학자 카랄람포스 카라칼로스가 X선 촬영으로 총 37개의 톱니바퀴를 찾아냈다.

톱니바퀴의 비율과 남아 있는 틀의 형태로 미루어 그들은 이것이 태양과 달의 운행, 달의 위상, 일식과 월식, 그리고 무엇보다 중요한 이벤트였던 올림픽 대회의 날짜를 예측하던 아날로그 컴퓨터와 비슷한 도구였을 것이라는 결론을 내렸다. 앞판에 양력 날짜를 설정하면 뒤판에는 음력 날짜가 일주일 내외의 오차로 표시되었다. 행성의 운동 주기와 일치하는 톱니바퀴나 조합은 없지만 그 당시 알려져 있던 5개의 행성을 가리키는 바늘이 남아 있었기 때문에 행성 계산기 역할을 하는 톱니바퀴가 소실되었을 가능성도 있다.

2005년부터 '국제 안티키테라 기계 연구 프로젝트'의 회원들은 이 기계의 구조, 사용법, 제작자, 제작된 시기와 위치에 대해 더 많은 것을 알아내기 위해 연구하고 있다.

놀랍도록 정교한 예측 능력의 세계 최초 아날로그 컴퓨터. 이 획기적인 기술이 없었다면 현대인의 삶은 지금과 전혀 달랐을 것이다.

◀ 완전한 형태로 복원된 안티키테라 기계.

▲ 복잡한 구조의 안티키테라 기계 중에서 현재 남아 있는 파편.

12

히파르코스의 성표

천체 지도의 기초

기원전 129년

가장 유명한 고대 그리스 천문학자 중 한 명인 히파르코스는 지구의 자전축이 약 2만6,000년을 주기로 천천히 회전하는 현상인 '세차운동'을 처음 발견한 사람이다. 하늘에서 보이는 별들의 배열이 바뀌는 것은 이 현상 때문이다. 히파르코스는 천문학과 수학 분야에서 널리 인용되는 14권 이상의 책을 쓰기도 했는데 그중에서 남아 있는 것은《에우독소스와 아라토스의 파이노메나에 대한 주석(Commentary on the Phaenomena of Eudoxus and Aratus)》뿐이고 나머지 저서들, 특히 그가 작성한 성표(항성 목록)는 소실되었다.

그가 만든 성표에는 850개의 밝은 별이 포함돼 있었다고 알려져 있다. 성표가 완성된 시기는 그가 노년기였던 기원전 129년경이다. 히파르코스의 천문학 연구는 서기 150년에 천동설을 정립해 천문학 분야에 지대한 영향을 미친 프톨레마이오스의 책《알마게스트(Almagest)》에 실린 성표에도 반영되었다.

프톨레마이오스는 1,020개의 별이 포함된 자신의 성표에 히파르코스 시대 이후 경도가 2도 40분씩 증가했다고 기록했다. 이것은 히파르코스 시대 이후 세차운동으로 인해 지구의 자전축이 이동했을 것으로 추정되는 값과 일치한다. 즉, 프톨레마이오스는 히파르코스의 성표를 주로 사용하되 거기에 경도 2도 40분을 더한 것으로 보인다. 따라서 소실된 히파르코스의 성표는 프톨레마이오스 성표의 기초가 되었다는 점에서 더욱 중요한 유물인 셈이다.

그러다 2005년에 기적이 일어났다. 미국 루이지애나 주립대학의 천문학자 브래들리 셰퍼가 히파르코스의 성표가 사실은 눈에 잘 띄는 곳에 숨어 있었음을 밝혀 낸 것이다. 이탈리아 나폴리의 국립 고고학 박물관에 있는 2세기 로마의 조각상 〈파르네세 아틀라스(Farnese Atals)〉는 아틀라스가 어깨에 하늘을 짊어지고 있는 모습을 묘사한 작품이다. 아틀라스가 떠받치고 있는 구체에는 적도와 남회귀선, 북회귀선을 나타내는 선 위로 41개의 별자리가 부조로 조각돼 있다. 이 별자리의 위치를 주의 깊게 연구한 셰퍼는 조각가가 정확한 묘사를 위해 기원전 125년경의 성표와 별자리 안내서를 참고했을 것이라는 결론을 내렸다. 바로 히파르코스가 성표를 완성한 시기였다. 다시 말해 오랫동안 찾지 못했던 히파르코스의 성표를 예술적으로 표현한 작품이 약 2,000년 동안 아틀라스의 어깨 위에 얹혀 있었던 것이다!

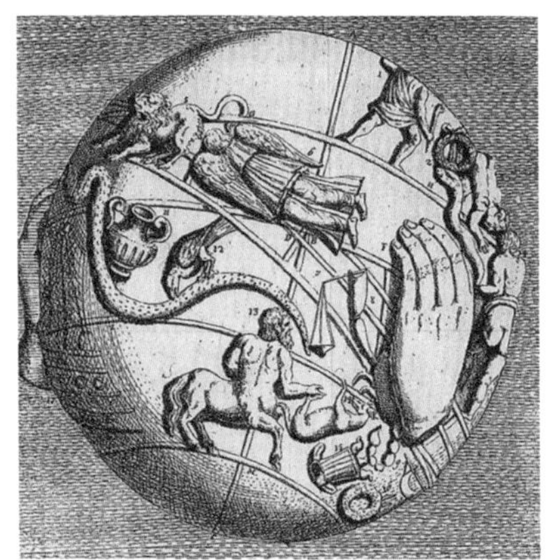

▶ 〈파르네세 아틀라스〉를 그린 판화.

13

아스트롤라베

별을 이용한 시간 측정

서기 375년

고대의 스마트폰이었던 아스트롤라베(Astrolabe)는 무엇보다 시간과 위치를 한꺼번에 알려 주는 장치다. 회전하는 원형의 성도로 이루어진 이 측정 도구는 특정 위도에서 볼 수 있는 별을 알려 주었으며, 움직이는 원판과 바늘로 하늘의 가장 밝은 별과 일식, 월식을 표시했다. 또한 관측 장치가 붙어 있어 지평선 위로 떠오른 별의 고도를 측정하는 디옵트라 용도로도 사용할 수 있었다.

아스트롤라베는 수 세기 동안 축적된 수학적 지식을 활용한 도구지만 정확한 발달 연대는 불확실하다. 이를 처음 직접적으로 다룬 문헌은 375년경에 그리스의 천문학자이자 수학자인 테온이 쓴《작은 아스트롤라베에 관해(On the Little Astrolabe)》다. 아스트롤라베는 주로 별이 지평선 위로 떠오르는 각도를 측정하고, 북극성을 관측해 관측자의 위도를 알아내는 용도로 쓰였다. 그러다 800년경 이슬람 세계로 전파된 후에는 각도를 표시하는 눈금과 방위각을 표시하는 원판이 추가되면서 획기적으로 발전해 항해뿐 아니라 메카(Mecca, 사우디아라비아 서남부에 있는 도시)로 가는 방향을 찾는 데 매우 유용한 도구가 되었다.

아스트롤라베는 여러 가지 면에서 오늘날의 계산자나 계산기와 유사했으며 이를 사용하는 사람에게 신비로운 능력을 선사했다. 북극성을 찾아내 북반구 어디에서든 위도를 알 수 있다는 것은 엄청난 능력이었다. 어떤 지역의 위도만 알면 몇 개의 주요한 별들을 관측하고 원판 위에 새겨진 도표나 눈금을 참고해 그 지역의 시간을 알아낼 수도 있었다. 프톨레마이오스도 유명한 천문학 서적인 《테트라비블로스(Tetrabiblos)》를 쓰기 위해 천문학 관측을 할 때 이 도구를 사용했다. 수 세기 동안 수많은 저자들이 아스트롤라베를 만들고 사용하는 법과 작동 원리를 상세하게 설명한 논문을 저술했다. 이 역동적인 도구는 그 자체로도 경이롭지만 더 정밀한 천문학적 예측을 향한 중요한 발판이기도 했다.

▲ 1400년경의 아스트롤라베.

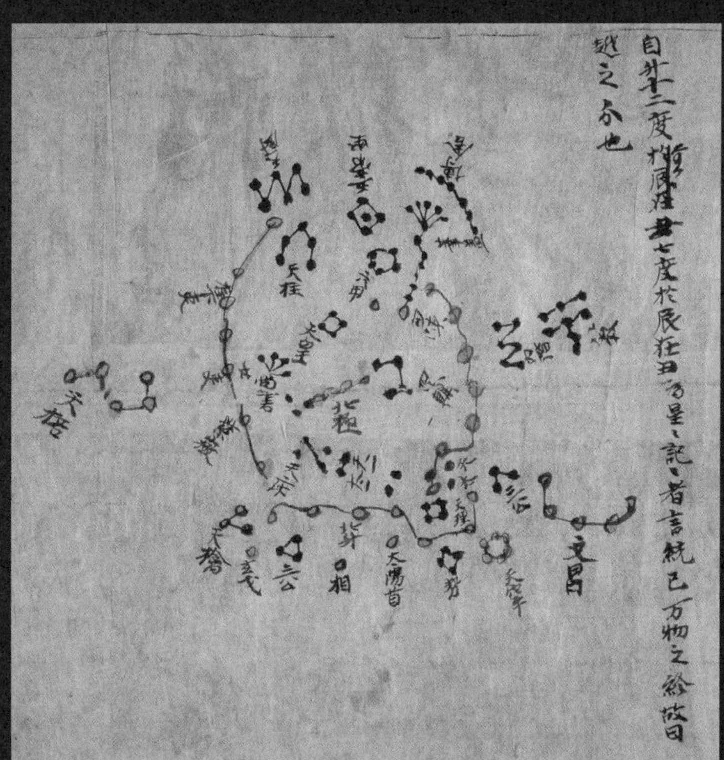

▲ 둔황 성도의 일부.

14

둔황 성도

최초의 완벽한 성도

서기 700년

‘천불동’이라고도 불리는 중국 간쑤성 서북부에 있는 도시 둔황(敦煌). 이곳의 불교 유적지 ‘막고굴’은 복잡하게 얽힌 492개의 동굴로 이루어져 있다. 4~14세기까지 불교 승려들이 불상을 모시기 위해 실크로드를 따라 파낸 동굴들이다. 1368년, 원나라가 멸망한 후 이 지역은 황폐해진 채 버려져 있었지만 1800년대 후반부터 실크로드 지역에 대한 고고학적 관심이 증가하기 시작했다. 그러다 중국인 왕 위안루가 1900년 6월 25일, 이곳을 발굴하고 복원하기 시작해 수천 개의 고문서로 가득한 작은 동굴을 찾아냈다. 그러나 중국 정부가 관심을 보이지 않은 탓에 이 문서들은 외국 고고학자들의 손에 들어가 영국 런던을 비롯한 세계 각지의 보관소로 흩어졌다. 1907년, 영국인 고고학자 아우렐 스타인이 입수한 양피지 문서도 그중 하나다. 너비 25cm, 길이 390cm로 현재 대영박물관에 소장돼 있다.

수십 년 동안 아무도 이 양피지 문서의 중요성을 알아채지 못했다. 이 문서를 처음으로 언급한 천문학 서적은 1959년, 영국의 박물관 학자 조지프 니덤이 발표한 《중국의 과학과 문명(Science and Civilisation in China)》이었다. 1960년대부터는 중국의 역사학자들과 천문학자들도 이 고문서를 연구하기 시작했지만 원본이 수중에 없었기 때문에 공개된 사진을 가지고 연구해야 했다. 2009년이 되어서야 프랑스의 천체물리학자 장 마르크 보네 비도가 이 성도를 상세하게 분석했다.

당나라 시대가 시작된 618년 이전에 제작된 것으로 추정되는 둔황 성도는 현존하는 최초의 완전한 성도로 간주된다. 고대에 또 다른 성도와 성표들이 있었다는 사실은 알고 있지만 현재까지 남아 있는 것이 없기 때문이다.

천문학자 리춘펑이 만든 것으로 보이는 둔황 성도에는 257개의 성좌와 성군(성좌보다 작은 단위의 항성군)을 이루는 1,339개의 별들이 표시돼 있다. 고대의 천문학자 우 셴·간 더·스 선이 제공한 데이터에 기초한 것으로 이들이 기여한 부분은 성도 안에 각각 다른 색으로 표시된다. 총 13개의 지도로 구성되며 밝은 별들의 위치는 실제와 오차가 몇 도 정도밖에 나지 않는다. 48쪽 사진에서 볼 수 있는 13번째 지도에는 북극 주변의 별자리들이 그려져 있지만, 6번째 지도에는 밤하늘에서 시리우스에 이어 두 번째로 밝은 카노푸스가 중국 이름인 '라오런'으로 이 표시돼 있어 중국의 천문학자들이 남쪽 하늘도 관찰했음을 보여 준다. 5번째 지도에는 셴(오리온)에서 눈에 잘 띄는 성군들이 표시돼 있다.

놀라울 정도로 정확한 이 고대의 성도는 오늘날의 성도와도 일치한다. 별들을 그저 보기 좋게 아무렇게나 늘어놓은 것이 아니라 수학적인 체계에 따라 배치했기 때문이다. 앞에서 살펴본 여러 유물들이 이 정확하고도 종합적인 천체 지도를 만드는 데 기여했다.

15

알 콰리즈미의 대수학 교본

우주를 계산하는 능력의 증대

서기 820년

대수학은 지금까지 책에 소개된 추상·구상적 도해(圖解, 글의 내용을 그림으로 풀이함)와 앞으로 보게 될 정밀한 수학 사이에 다리를 놓아 준 학문이라고 할 수 있다. Algebra(대수학)라는 단어는 '끊어진 부분의 복원'을 뜻하는 아랍어 Aljabr에서 유래되었으며 820년경, 페르시아의 수학자이자 천문학자인 알 콰리즈미가 쓴《복원과 대비의 계산(Ilm al-jabr wa'l-mukabala)》이라는 책의 제목이 그 시초였다. 대수학이란, 개개의 숫자 대신에 숫자를 대표하는 일반적인 문자를 사용해 수의 관계, 성질, 계산 법칙 따위를 연구하는 학문으로, 알 콰리즈미가 학문 전체를 발달시킨 것은 아니다. 그러나 이 학문의 많은 요소들을 한 권의 책으로 정리한 사람이 바로 그였다. 대수학의 핵심 요소는 숫자를 문자로 대체하는 것, 특히 미지수를 x로 대체하는 것이지만 데카르트 시대 이전에는 이 방법이 널리 사용되지 않았다. 1637년에 출판된《기하학(Les Géométrie)》에서 데카르트는 a, b, c 등의 문자로 지수를 나타내고 미지수는 x와 같은 알파벳의 마지막 문자들을 사용했는데 이것이 이러한 방법을 사용한 최초의 기록이었다.

대수학의 핵심은 기호 체계로 미지수를 대신하는 것이지만 덧셈, 뺄셈, 곱셈, 나눗셈의 기본 규칙을 동일하게 따른다. 따라서 개별적인 문제에 대한 특정한 답을 구하는 것보다는 알고리즘이라고 불리는 과정을 사용해 실제로 제시된 수와 상관없이 해당 유형 전체에 대한 답을 빠르게 구할 수 있다는 것이 대수학의 가장 큰 장점이다.

이것을 우주와 관련된 용어로 설명해 보자. 우주는 한 곳에 고정돼 있지 않다. 예를 들어 모든 항성, 행성, 유성, 위성 등은 서로 관계를 맺으며 끊임없이 움직인다. 이렇게 지속적으로 변화하는 변수가 많은 상황에서 하나의 데이터 세트로 계산을 하고 데이터가 바뀔 때마다 그 계산을 계속 반복하는 것은 느리고 비효율적인 일일 것이다. 대수학은 공학과 물리학의 잠재력을 열어 준 열쇠다. 대수학을 통해 끊임없이 역동적으로 변화하는 자연 상태의 운동과 힘을 계산할 수 있게 됨으로써 오늘날의 기술은 놀랍도록 빠른 속도로 발전할 수 있게 되었다.

كتاب الخوارزمي

◀ 알 콰리즈미가 쓴 대수학 책의 한 페이지.

▶ 대수기하학을 이용해 정사각형, 직사각형 등 사변형의 면적을 계산하는 방법을 설명한 페이지.

أعلم أن المربعات (١) خمسة اجناس فمنها مستوية الاضلاع قائمة الزوايا والثانية قائمة الزوايا مختلفة الأضلاع طولها اكثر من عرضها . والثالثة تسمى المعينة وهى التى استوت اضلاعها واختلفت زواياها . والرابعة المشبهة بالمعينة وهى التى طولها وعرضها مختلفان وزواياها مختلفة غير أن الطولين متساويان والعرضين متساويان أيضاً . والخامسة المختلفة الاضلاع والزوايا . فما كان من المربعات مستوية الاضلاع قائمة الزوايا أو مختلفة الاضلاع قائمة الزوايا فان تكسيرها أن تضرب الطول فى العرض فما بلغ فهو التكسير . ومثال ذلك أرض مربعة من كل جانب خمسة أذرع تكسيرها خمسة وعشرون ذراعاً وهذه صورتها . والثانية أرض مربعة طولها ثمانية أذرع

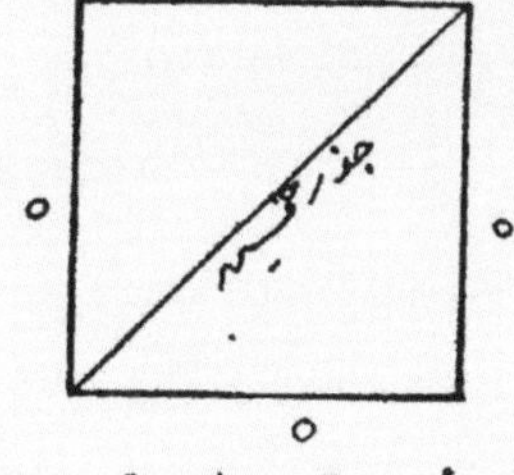

ثمانية أذرع والعرضان ستة ستة . فتكسيرها أن تضرب ستة فى ثمانية فيكون ثمانية وأربعين ذراعاً وذلك تكسيرها وهذه صورتها .

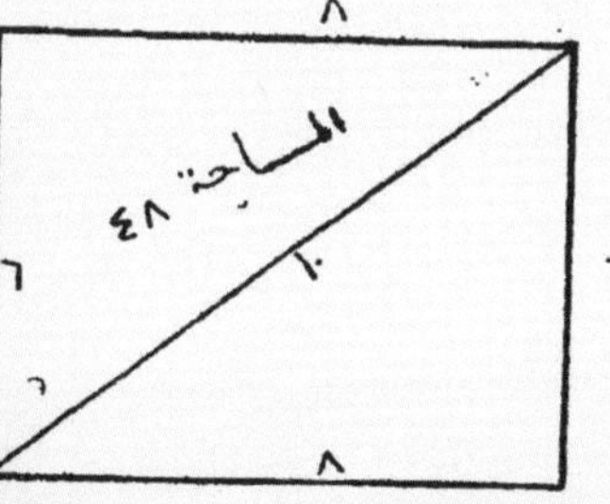

وأما المعينة المستوية الأضلاع التى كل جانب منها

---

(١) أى الاشكال الرباعية بالاصطلاح الحديث وتقسم هنا إلى مربع ومستطيل ومعين ومتوازى أضلاع وشكل رباعى عام .

16

드레스덴 코덱스

마야의 천문학을 엿보다

1200~1300년

유럽 대륙 곳곳에서는 수많은 기념물과 문서, 서적, 명문(銘文, 비석이나 기물에 새겨진 글)이 발견돼 구세계(구대륙)의 천문학에 대해 폭넓고 깊은 지식을 얻을 수 있다. 그에 비해 신세계(신대륙)인 아메리카 대륙에 나타났다 사라진 문명에 대한 지식은 제한적이다. 인류의 활동이 가장 활발했던 지역들은 이제 접근하기 힘든 울창한 밀림으로 덮여 있다. 게다가 마야와 잉카 문명의 문서들은 16세기 정복자들과 그 후의 공격적인 선교 활동으로 인해 사실상 전부 파괴되었다.

드레스덴 코덱스(Dresden Codex)는 14세기경 마야 제국의 문서 중 유일하게 남아 있는 것이다. 1739년, 독일 드레스덴의 왕립 도서관장 요한 크리스티안 괴체가 오스트리아 빈의 개인 소장자로부터 사들였다. 코덱스란, 고문서란 뜻이다. 78페이지에 달하는 이 문서 속의 독특한 기호들을 연구한 결과 유카탄반도(마야 문명의 발상지)에서 작성된

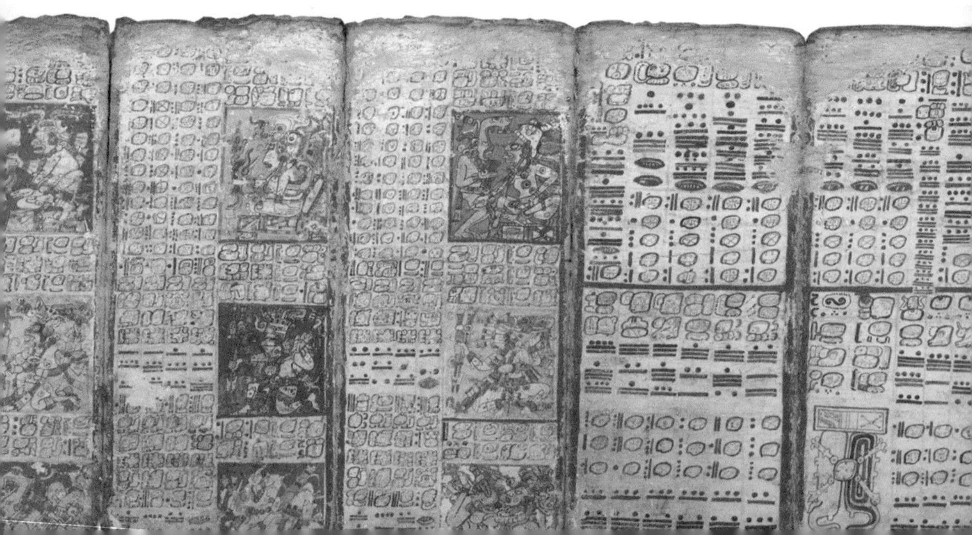

것으로 추정되었다. 13세기에 그곳에 살았던 주민들이 높은 수준의 천문학적 지식을 가지고 있었다는 증거도 남아 있다.

이 문서에는 월식과 일식, 금성과 달의 정보를 담은 표가 실려 있고, 금성의 표에는 지구와의 '65 회합주기(두 천체의 상대적 위치가 다시 원래의 자리로 올 때까지 걸리는 시간, 각각 584일)'에 걸친 움직임이 기록돼 있다. 마야인들은 쿠쿨칸 신과 관련된 행성인 금성을 주의 깊게 관찰했으며 이 행성의 출현에 따라 전쟁을 계획했다. 의식의 일정과 천문학적 정보를 기록한 표 외에 촐킨(tzolk'in)이라고 불리는 260일 주기의 달력도 실려 있다. 촐킨은 20일짜리 13개월로 이루어진 비천문학적 주기다. 마야인들에게 종교적 축일은 매우 중요했는데 그들이 하아브(haab)라고 부르던 태양력의 1년은 365.25일이었기 때문에 금성의 출현과 운행을 이용해 시간이 지날수록 커지는 오차를 수정했다. 오늘날 4년에 한 번씩 2월에 하루를 더하는 것과 마찬가지다.

지구상 어디에서든 우리의 머리 위에는 우주가 있다. 드레스덴 코덱스는 인류가 서반구에서 천문학을 발전시켜 온 방식을 엿볼 수 있게 해 주는 독특한 유물이다.

▼ 드레스덴 코덱스 원본의 일부.

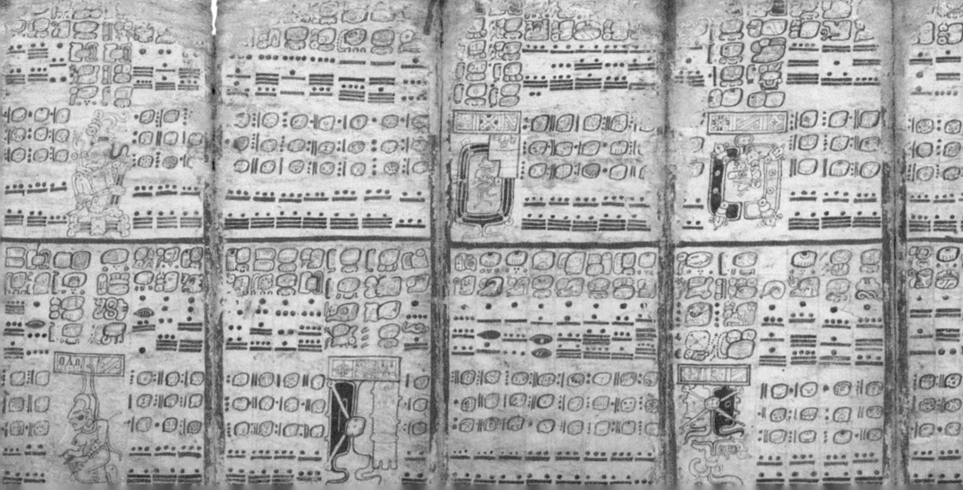

17

차코 캐니언의 태양 단검

빛과 나선으로 하늘에 표한 경의

1300년

미국 남서부의 사막 지대 외딴 곳에 있는 수많은 암석과 동굴 벽에서 고대 암각화들이 발견되었다. 그중에서도 가장 인상적인 작품은 뉴멕시코 주 차코 캐니언에서 발견된 '태양 단검(Sun Dagger)'이다. 1977년, 예술가 애나 소페어가 이 지역을 탐사하다가 발견했다. 이 독특한 나선 형태의 암각화는 고대의 낙석 아래쪽에 숨겨져 있었는데, 그때 운 좋게 이 커다란 바위들 사이로 한 줄기의 햇빛이 들어와 암벽 위에 새겨진 암각화를 비춘 것이다. 하지 때에만 볼 수 있는 이 빛줄기는 곧 '차코 캐니언의 태양 단검'으로 불리게 되었다. 한편 동지 때에는

◀ 동지 때의 차코 캐니언 태양 단검.

▶ 하지 때의 태양 단검.

2개의 빛줄기가 암각화의 양쪽을 둘러쌌다. 또한 근처에 있는 더 작은 나선 암각화의 중앙에 빛줄기가 비칠 때도 있었다. 그러나 1989년, 암벽을 가리고 있던 납작한 사암의 위치가 바뀌면서, 태양 단검은 더 이상 나타나지 않게 되었다. 오직 그곳에 남아 있는 나선 암각화만이 이 놀라운 현상이 일어났던 장소를 알려 주고 있다. 1977년에 애나 소페어가 그 모습을 보지 못했다면 우리는 그 존재와 기능을 결코 알지 못하고, 그저 눈에 잘 띄지 않는 기묘한 위치에 만들어진 평범한 암각화라고만 생각했을 것이다.

미국 콜로라도 주와 유타 주에 걸쳐 있는 호븐위프 국립 기념지, 미국 캘리포니아 주 남부의 버로 플래츠, 멕시코 바하칼리포르니아 주의 라 루모로사 등 미국 남서부와 멕시코의 다른 여러 곳에서도 동지와 하지 또는 춘분과 추분을 나타내는 비슷한 단검들을 볼 수 있다.

차코 캐니언 태양 단검은 북아메리카 원주민 부족들이 수준 높은 천문학적 지식을 농업에 활용한 증거다. 하늘에 대한 그들의 호기심과 계절 기록에 대한 필요성을 미국 남서부 사막에 흩어진 암각화로 만나 볼 수 있다.

18

조반니 데 돈디의 아스트라리움

중세 후기의 정교한 계산기

1364년

1364년, 이탈리아의 의사이자 아마추어 천문학자였던 조반니 데 돈디는 16년간의 연구 끝에 기술적 걸작을 완성했다. 바로 행성의 운행을 보여 주는 시계였다. 놋쇠로 된 틀 안에 107개의 크고 작은 톱니바퀴가 든 이 정교하고 복잡한 장치는 여러 가지 면에서 그보다 1,400년 전 고대 그리스의 장인이 만든 안티키테라의 기계와 비슷했다. 14세기에 이 아스트라리움(Astrarium)은 세계의 8번째 불가사의로 불릴 정도로 경이로운 기계였다.

데 돈디가 만든 원본은 세월이 흐르면서 소실되었지만 그가 작성한 상세한 설계도가 남아 있기 때문에 누구든 시간만 투자한다면 정확한 사양과 계산에 따라 복제품을 만들 수 있었다. 수 세기 동안 원본만큼 정교한 장치를 만들려는 시도가 여러 번 있었지만 사소한 결함들 때문에 실제로 작동에 성공한 복제품은 많지 않았다.

제대로 작동한 최초의 복제품은 1961~1963년에 밀라노의 시계공인 루이지 피파가 만든 것으로 1985년, 스위스 라쇼드퐁에 있는 국제 시계 박물관에 기증되었다. 또한 파리 천문대, 런던의 과학 박물관, 워싱턴 DC의 스미스소니언 박물관 등에서도 작동되는 복제품을 볼 수 있다.

이 천문학 시계는 행성의 주기적 운행에 관해 축적된 지식을 물리적으로 요약해 놓은 도구였다. 예를 들면 아스트라리움은 매일 (이탈리아

파도바의 위도에서) 일출과 일몰 시간을 알려 주고, 가톨릭교의 축일이나 성인의 날 등 특정 날짜의 요일을 알려 주는 문자 체계인 '주일 문자(Sunday Letter)'를 예측하기도 했다.

데 돈디의 아스트라리움은 태양, 달, 주요 행성의 운행을 예측하는 데 필요한 수학적 지식을 과학자가 아닌 일반인도 쉽게 알 수 있도록 압축해 넣은 놀라운 도구였다.

▼ 복원된 아스트라리움.

19

빅혼 메디슨 휠

별을 가리키는 아메리카 원주민의 기념물

1400년

미국 와이오밍 주 빅혼 산맥의 고도 2,940m 지점에는 돌들이 모여 지름 24m의 원을 이루는 고대 아메리카 원주민의 유적 메디슨 휠(Medicine Wheel)이 있다. 이 원의 중앙에는 케언(cairn)이라고 불리는 돌무더기가 있고, 이것을 28개의 바큇살 형태로 놓인 돌들이 바깥쪽 원과 연결하고 있다. 28은 일부 아메리카 원주민 부족이 신성하게 여기는 숫자다. 달이 지구를 한 바퀴 도는 데 28일이 걸리기 때문이다.

천문학자 잭 에디는 1974년, 눈이 녹아 있는 하지 무렵에 케언과 바큇살 부분의 배열을 이 유적이 있는 위치에서 보이는 천체 활동과 비교해 보았다. 한 돌무더기에 앉거나 서서 다른 돌무더기 쪽을 바라보면 시선이 멀리 있는 지평선의 특정한 위치를 향하게 된다. 이 방향은 하지 때 해가 뜨거나 지는 위치, 그리고 알데바란, 리겔, 시리우스, 나중에 천문학자 잭 로빈슨이 발견한 것처럼 포말하우트 같은 별들이 새벽에 태양 다음으로 떠오르는 위치를 가리킨다. 이곳을 찾는 아메리카 원주

민들에게는 이 별들이 하지를 알려 주는 표시였던 듯하다.

메디슨 휠은 크로우족의 터전에 위치한다. 구전에 따르면 크로우족은 이 땅을 옛 족장으로부터 물려받았다고 하는데 역사학자들은 이 시기를 1400~1600년 사이로 추정한다. 세차운동의 주기를 고려할 때 특히 알데바란(Aldebaran, 황소자리에서 가장 밝은 오렌지색 별)의 위치가 이 유적의 배열과 일치하는 시기는 1050~1450년경이다. 따라서 메디슨 휠은 대략 1400년경에 만들어졌다고 추정할 수 있다.

빅혼의 메디슨 휠은 인류가 별들의 움직임을 기록하고 예측해 왔음을 보여 주는 놀라운 증거이며, 오늘날에도 하지 때의 천체 배열과 일치한다.

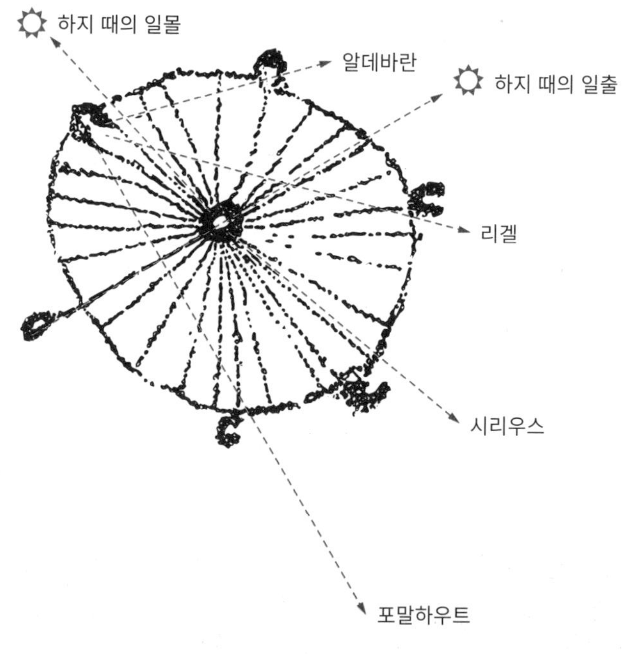

20

엔시스하임 운석

하늘에서 떨어진 돌

1492년

고대부터 비교적 최근까지도 사람들은 새총이나 투석기 같은 무기로 쏘아 올리지 않는 한 하늘에서 돌이 떨어질 가능성은 상상하지 못했다. 때로 유성우(다수의 별똥별이 마치 비처럼 관찰되는 현상)가 보이기도 했지만 하늘에서 온 이 방문객들이 관측자 근처로 떨어지는 일은 거의 없었다. 그러나 중국에서는 하늘에서 돌이 떨어져 사람의 생명을 위협하고 커다란 피해를 입히기도 했다는 기록이 있다.

서구에서 그 사실을 실감하게 된 것은 프랑스 북동부 지역의 엔시스하임에서 1492년 11월 7일, 정오 몇 분 전에 일어난 놀라운 사건이 계기다. 밀밭에서 일하던 한 소년이 약 130kg짜리 운석이 땅에 떨어져서 깊이 1m 정도의 구멍이 생기는 것을 목격했다. 도시에서 150km 이상 떨어진 곳에서도 눈부신 불덩이가 보이고 굉음이 들릴 정도였다.

주민들은 운석에서 45kg 이상을 잘라 내 기념품으로 나눠 가졌다. 그리고 이를 시내에 있는 교회 안에 쇠줄로 묶어 놓았다. 밤에 밖에 나와 돌아다닐지도 몰랐기 때문이다.

이 돌은 하늘에서 떨어진 정확한 날짜와 시간을 기억하는 목격자가 있고, 그 파편이 현재까지 보존된 가장 오래된 운석이다. 1490년대는 인쇄술이 발명된 후였기 때문에 수많은 전단과 목판화로 제작되어 인근 3개 도시에까지 알려지면서 커다란 화제를 불러일으키기도 했다.

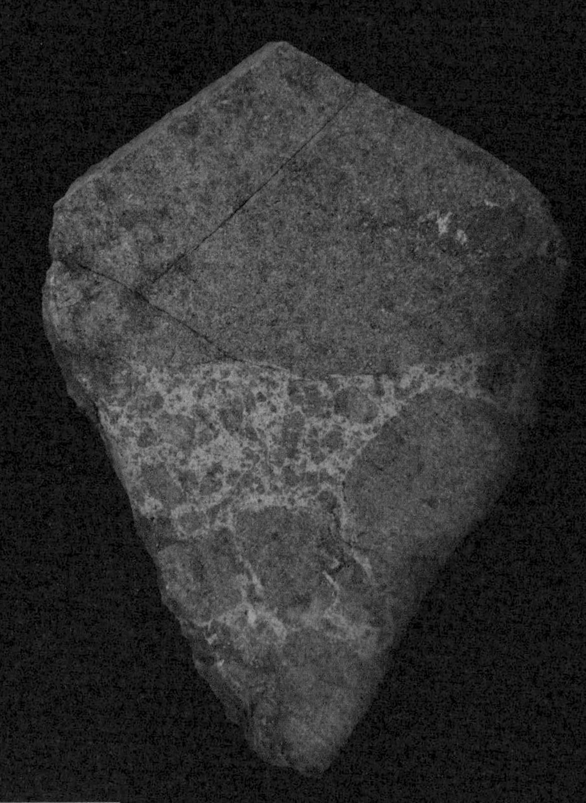

▲ 운석의 파편.

◀ 운석의 소식이 담긴 1492년의 전단.

21

《천구의 회전에 관하여》

우주의 중심을 바꾼 코페르니쿠스의 책

1564년

《천구의 회전에 관하여(De Revolutionibus Orbium Coelestium)》는 폴란드의 천문학자 니콜라우스 코페르니쿠스가 자신이 주장하는 태양 중심설을 설명한 책이다. 코페르니쿠스는 1515년경에 이 책을 쓰기 시작해 1531년에 완성했지만 책이 출판된 것은 그가 사망한 해인 1543년이었다. 코페르니쿠스의 태양계 모형은 기본적으로 프톨레마이오스의 지구 중심 모형과 동일했으나 대신 태양이 고정돼 있고 지구가 축을 중심으로 자전하며 태양 주변을 도는 형태였다. 이러한 이중의 움직임 때문에 지구 표면에서는 태양과 행성이 지구를 중심으로 도는 것처럼 보인다. 줄여서 《데 레브(De Rev)》라고도 불리는 이 책은 이러한 '좌표 변환'이 작동하는 방식을 수학적으로 광범위하게 논했다. 하지만 코페르니쿠스가 희망했던 것처럼 프톨레마이오스의 모형보다 더 명확한 이론으로 인정받지 못했다.

문제는 코페르니쿠스 또한 이전의 학자들처럼 행성들이 일정한 속도로 원형의 궤도를 돈다고 가정한 것이다. 하지만 약 50년 후 독일의 천문학자 요하네스 케플러가 증명해 낸 것처럼 행성들은 타원형의 궤도를 돌며, 각 궤도를 일정한 속도로 돌지도 않았다. 따라서 코페르니쿠스는 행성들이 대원(deferent)이라고 불리는 원형의 큰 궤도를 도는 동시에 주전원(epicycle)이라는 작은 궤도를 돈다는 프톨레마이오스의 기존 이론을 이용해 변화하는 행성의 속도를 설명해야 했고, 이 점이 그의 예측에 영향을 미쳤다. 1551년에는 또 다른 독일의 천문학자 에라스무스 라인홀트가 이 잘못된 지구 중심 모형에 따라 행성들의 위치를 예측한 새로운 천체력(천체의 궤도를 나타낸 표)인 '프로이센 표'를 발표했다. 그 후 이 표는 케플러가 주전원을 빼고 타원 궤도에 기초해 더 정확하게 만든 '루돌프 표'로 대체되었다.

현대의 천문학 교과서들을 읽으면서 《데 레브》에 일종의 빚을 진 부분을 발견하지 않기란 어려운 일이다. 주로 교회의 반발 때문에 발표 즉시 인정을 받지는 못했지만 이 책은 당대를 이끌던 지성인들 모두에게 영향을 미쳤다.

하버드 대학의 천문학 명예 교수 오언 진저리치는 현재 남아 있는 모든 《데 레브》의 목록을 만들기 위해 30년에 걸쳐 전 세계적인 캠페인을 벌였다. 그 결과 초판 276권과 2판 325권이 발견되었다. 17세기의 주요 수학자와 천문학자들은 모두 이 책을 가지고 있었다. 게다가 그중 많은 책의 여백에 메모들이 적혀 있어 《데 레브》의 어떤 부분이 전문가들의 흥미를 자극했는지 알아내는 데 도움을 주었다. 그 부분은 주로 행성의 운행에 관한 것이며, 진저리치에 따르면 이 책처럼 상세하게 연구되고 목록화된 책은 오로지 1454년경의 구텐베르크 성경 초판본뿐이라고 한다.

net, in quo terram cum orbe lunari tanquam epicyclo contineri diximus. Quinto loco Venus nono mense reducitur. Sextum denique locum Mercurius tenet, octuaginta dierum spacio circũ currens. In medio uero omnium residet Sol. Quis enim in hoc

II. Saturnus anno. XXX. reuolutur.
III. Iouis. XII. annorum reuolutio.
IIII. Martis bima reuolutio.
Sol.

pulcherimo templo lampadem hanc in alio uel meliori loco poneret, quàm unde totum simul possit illuminare? Siquidem non inepte quidam lucernam mundi, alij mentem, alij rectorem uocant. Trimegistus uisibilem Deum, Sophoclis Electra intuentẽ omnia. Ita profecto tanquam in solio regali Sol residens circum agentem gubernat Astrorum familiam. Tellus quoque minime fraudatur lunari ministerio, sed ut Aristoteles de animalibus ait, maximã Luna cũ terra cognationẽ habet. Concipit interea à Sole terra, & impregnatur annuo partu. Inuenimus igitur sub hac

hac ordinatione admirandam mundi symmetriam, ac certũ harmoniæ nexum motus & magnitudinis orbium: qualis alio modo reperiri non potest. Hic enim licet animaduertere, nõ segniter contemplanti, cur maior in Ioue progressus & regressus appareat, quàm in Saturno, & minor quàm in Marte: ac rursus maior in Venere quàm in Mercurio. Quodque frequentior apparet in Saturno talis reciprocatio, quàm in Ioue: rarior adhuc in Marte, & in Venere, quàm in Mercurio. Præterea quòd Saturnus, Iupiter, & Mars acronycti propinquiores sint terræ, quàm circa eorũ occultationem & apparitionem. Maxime uero Mars pernox factus magnitudine Iouem æquare uidetur, colore duntaxat rutilo discretus: illic autem uix inter secundæ magnitudinis stellas inuenitur, sedula obseruatione sectantibus cognitus. Quæ omnia ex eadem causa procedunt, quæ in telluris est motu. Quòd autem nihil eorum apparet in fixis, immensam illorũ arguit celsitudinem, quæ faciat etiam annui motus orbem siue eius imaginem ab oculis euanescere. Quoniã omne uisibile longitudinem distantiæ habet aliquam, ultra quam non amplius spectatur, ut demonstratur in Opticis. Quòd enim à supremo errantium Saturno ad fixarum sphæram adhuc plurimum intersit, scintillantia illorum lumina demõstrant. Quo indicio maxime discernuntur à planetis, quodque inter mota & non mota, maximam oportebat esse differentiam. Tanta nimirum est diuina hæc Opt. Max. fabrica.

De triplici motu telluris demonstratio. Cap. XI.

CVm igitur mobilitati terrenę tot tantaque errantium syderum consentiant testimonia, iam ipsum motum in summa exponemus, quatenus apparentia per ipsum tanquã hypotesim demonstrentur, quẽ triplicẽ omnino oportet admittere. Primum quem diximus [illegible] à Græcis uocari, diei noctisque circuitum proprium, circa axem telluris, ab occasu in ortum uergentem, prout in diuersum mundus ferri putatur, æquinoctialem circulum describendo, quem nonnulli æquidialem dicunt, imitantes significationem Græco

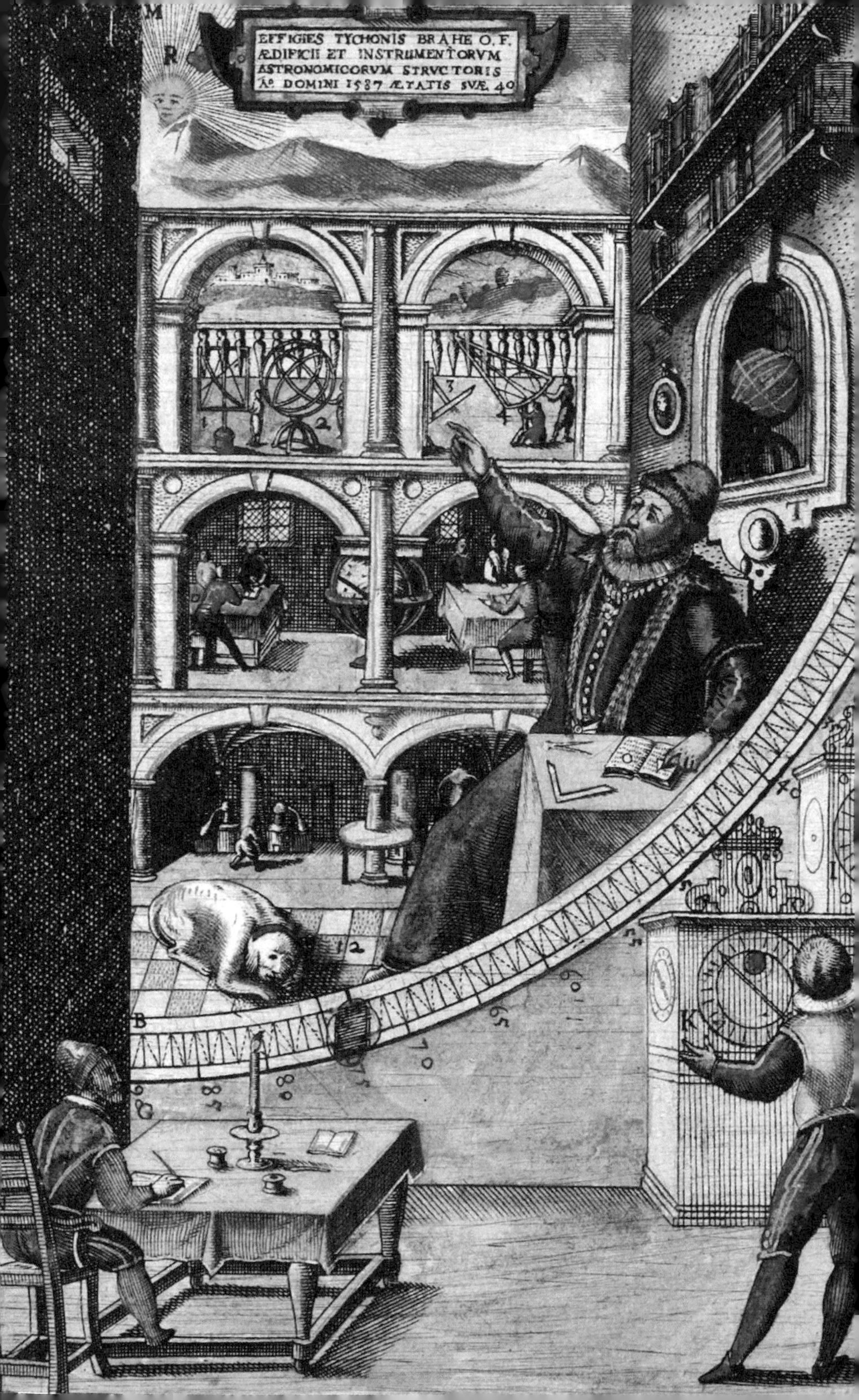
EFFIGIES TYCHONIS BRAHE O.F.
ÆDIFICII ET INSTRUMENTORUM
ASTRONOMICORUM STRUCTORIS
Aº. DOMINI 1587 ÆTATIS SVÆ 40

22

튀코의 벽걸이 사분의

그밖의 정밀한 천문학 도구들

1590년

히파르코스와 프톨레마이오스의 시대 이후 수 세기 동안 별의 위치를 정밀하게 측정하는 일은 드물었으며 현재까지 남아 있는 기록도 거의 없다. 예외가 있다면 프톨레마이오스의 《알마게스트》와 중국 한나라의 천문학자들이 만든 성표인데, 이러한 자료의 정확성은 당시 사용되던 다소 원시적 도구인 디옵트라와 세오돌라이트 정도 수준이다.

프톨레마이오스는 행성의 위치를 기록한 최초의 현대적 천체력을 만들었고, 이는 코페르니쿠스가 1534년에 태양계의 지구 중심 모형을 만들기 전까지 사용되었다. 그 후 1576년, 덴마크의 천문학자 튀코 브라헤가 세운 우라니보르크 천문대에서 대단히 정밀한 측정 도구들을 제작하면서 모든 것이 바뀌었다.

튀코는 고대 천문학자들이 쓰던 작은 휴대용 도구들의 크기를 키우는 것만으로 정확도를 크게 높일 수 있다는 사실을 깨달았다. 수천 개에 달하는 튀코의 항성 관측 기록을 분석해 보면, 그가 사용한 장비 대부분의 정확도가 약 0.5각분(one-half arc minute) 수준이어서 고대의 성표 속에 기록된 측정치보다 약 10배 가까이 정확도가 높아진 것을 알 수 있다. 그중에서도 특히 벽걸이 사분의가 유명한데, 별의 고도를 알아내는 데 사용하던 사분원 형태의 도구다.

◀ 《천문학 부흥을 위한 도구들(Astronomiae Instauratae Mechanica)》이라는 책에 실린 벽걸이 사분의를 묘사한 판화.

정밀한 관측 데이터의 양이 방대해지자 튀코는 1600년에 젊은 요하네스 케플러를 고용해 모든 자료를 정리하게 했고, 이것이 케플러가 1627년에 발표한 루돌프 표의 바탕이 된다. 튀코가 정밀한 장비로 관측한 대상에는 행성도 포함돼 있었다. 그는 관측 자료를 사용해 프톨레마이오스의 모형과 코페르니쿠스의 모형을 합친 자신만의 태양계 모형을 만들려 했지만 꿈은 이루지 못했다. 케플러를 고용한 지 1년 후, 튀코는 사망했고 그의 행성 연구는 케플러의 몫으로 남겨졌다.

튀코의 정밀한 관측 데이터 덕분에 케플러는 오늘날 '케플러의 제3법칙'이라고 불리는 행성 운동의 다양한 규칙성을 밝혀낼 수 있었다. 행성의 궤도에 관한 인류의 지식이 처음으로 극적인 변화를 맞이하게 된 것도 튀코의 화성 관측 데이터 덕분이다. 원형의 궤도로는 그 데이터를 설명할 수 없기 때문이다. 튀코의 데이터는 행성이 타원형의 궤도를 그리면서 태양 주변을 돈다는 사실을 보여 준다. 이것이 케플러의 제1법칙이다. 케플러는 이 새로운 지식과 또 다른 두 가지 법칙을 결합해 행성의 운동을 더욱 정확하게 기록한 천체력인 루돌프 표를 만들었다. 이 표는 1631년, 프랑스의 과학자 피에르 가상디가 관측한 수성의 일면 통과(태양과 지구 사이에 있는 행성이 태양면을 통과하는 현상)와 1639년, 영국의 천문학자 제러마이아 호록스가 관측한 금성의 일면 통과를 예측할 만큼 정확했다. 튀코의 경이로운 관측 기술은 17세기 내내 천문학적 예측의 기초가 되었다. 그 후 1690년에 독일의 천문학자 요하네스 헤벨리우스가 육안으로 보이는 1,500개의 항성을 정리한 성표, 그리고 1725년에 영국의 천문학자 존 플램스티드가 망원경으로 관측해 만든 성표《대영 항성 목록(Catalogue Britannicus)》이 튀코의 관측 기록을 대체하게 되었다.

23

갈릴레이의 망원경

현대 천문학의 시작

1609년

수백만 년 동안 인간이 밤하늘을 자세히 관찰할 수 있는 수단은 눈뿐이었다. 천연의 광학 기구인 눈은 수백만 가지의 색을 구별하고 광자 하나하나를 감지할 수 있는 센서(망막)를 가지고 있다. 해상도도 상당히 높아서 576메가픽셀의 카메라와 동일한 수준이다.

하지만 망원경이 발명되면서 별을 관찰하는 방식도 완전히 바뀌었다. 망원경은 눈의 능력을 향상시켜 주었다. 1608년, 네덜란드의 안경 제조업자 한스 리페르스헤이가 볼록렌즈와 오목렌즈를 함께 사용해 본인의 표현에 따르면 "멀리 있는 것들을 가까이 있는 것처럼 보여 주는" 3배 배율의 광학 기구를 최초로 만들었다. 이 망원경에 관한 소문은 유럽 전역에 퍼졌고, 여기에서 아이디어를 얻은 영국의 천문학자 토머스 해리엇이 1609년 여름, 6배 배율의 망원경을 만들었다. 그리고 이 소식이 다시 이탈리아의 천문학자 갈릴레오 갈릴레이의 귀에 들어갔다. 갈릴레이는 자신이 만든 렌즈를 연마해 약 21배까지 배율을 높이는 데 성공했다. 그리고 이렇게 개량한 망원경으로 1609년에 최초로 밤하늘을 자세히 관찰할 수 있었다. 갈릴레이의 망원경은 단순한 형태의 광학 기구들이 흔히 그렇듯 상이 거꾸로 맺히지 않고 똑바로 맺히는 점이 특이했다. 그는 이 방식으로 '갈릴레이 망원경'을 제작해 부업으로 선원들에게 판매하기도 했다.

갈릴레이는 자신의 망원경으로 달의 세부, 금성의 위상, 태양의 흑점, 성단, 목성의 위성을 관찰해 70장의 스케치를 그린 후, 이것을 1610년에 발표한 획기적인 책 《별의 전령(Sidereus Nuncius)》에 실었다. 이 책에 대한 독자의 반응은 호기심 반, 조롱 반이었다. 갈릴레이는 결국 1633년에 이단으로 몰려 바티칸으로부터 가택 연금 선고를 받는다. 바티칸이 옹호하는 지구중심설이 아니라 코페르니쿠스의 태양중심설이 옳았다는 그의 주장은 로마 가톨릭 교단의 심기를 불편하게 했다. 갈릴레이는 완벽하다고 여겨지던 태양의 표면에 때때로 움직이는 얼룩이 나타나는 것을 발견했을 뿐 아니라 목성 또한 태양계의 독립된 천체로서 다른 천체들이 그 주위를 돌고 있다고 주장했다. 당연히 모든 창조물은 지구를 중심으로 돈다는 교회의 시각과 충돌하는 이론이었다. 그러나 교회의 탄압에도 불구하고 갈릴레이의 이론은 널리 받아들여지게 되었다. 갈릴레이의 망원경은 우주에 대한 인류의 시각을 완전히 바꿔 놓는 계기가 되었다.

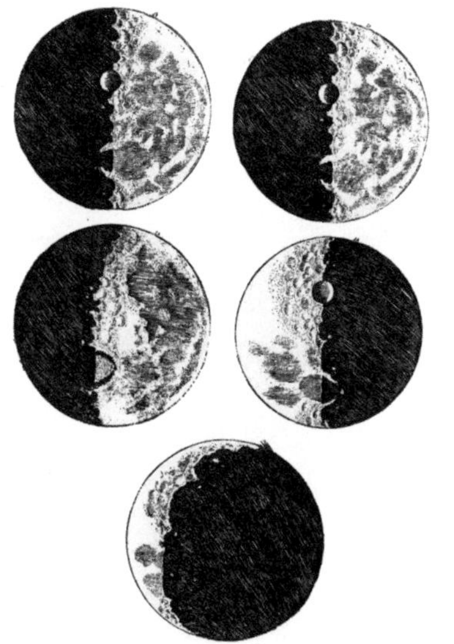

◀ 갈릴레이는 자신의 책 《별의 전령》에 달의 다양한 위상을 상세하게 묘사한 그림을 실었다. 그의 고배율 망원경은 달의 울퉁불퉁한 표면을 확실하게 보여 준다.

▶ 갈릴레이가 만든 최초의 굴절 망원경.

TVBVM OPTICVM VIDES GALILAEII INVENTVM, ET OPVS, QVO SOLIS MACVLAS,
ET EXTIMOS LVNAE MONTES, ET IOVIS SATELLITES, ET NOVAM QVASI
RERVM VN RSITATĒ PRIMVS DISPEXIT A. MDCIX.

24

계산자

1960년대 우주 계획을 이끈 계산기

1622년

스코틀랜드의 지주이자 수학자, 천문학자였던 존 네이피어는 수학에서 곱셈과 나눗셈에 사용되는 함수인 로그(log)를 발명하고 이것을 1614년에 출간한《경이로운 로그 법칙에 대하여(Mirifici Logarithmorum Canonis Descriptio)》에서 상세하게 소개했다.

얼마 후 영국의 성직자 에드먼드 건터가 로그와 2개의 컴퍼스를 사용해 삼각법 계산을 할 수 있는 자를 발명했다. 그리고 1632년에는 영국의 성직자이자 수학자 윌리엄 오트레드가 2개의 눈금자를 밀어서 이동시키면서 곱셈과 나눗셈을 할 수 있는 도구를 고안함으로써 계산자의 형태가 완성됐다.

1800년대에는 공학자들이 계산자를 아주 흔하게 사용했기에 일반인의 눈에는 이것이 외과 의사의 청진기와 같은 도구로 보였다. 비록 오늘날 이 놀라운 기술을 기억하는 사람은 백발의 노인뿐이지만 한때 계산자는 찬란한 전성기를 누렸다. 미국의 우주 계획을 이끈 공학자와 과학자 모두 이 수동 계산기를 사용해 문제를 해결하고 인류를 달에 착륙시켰다.

계산자의 크기는 15cm짜리 소형 자부터 나무와 플라스틱으로 만든 커다란 원형 자까지 다양했다. 정수의 곱셈과 나눗셈 대신 로그의 덧셈과 뺄셈을 기초로 십진수 또는 삼각 함수를 나타낸 10여 개의 서로 다른 눈금이 새겨져 있어, 큰 수든 작은 수든 복잡한 계산을 빠르게

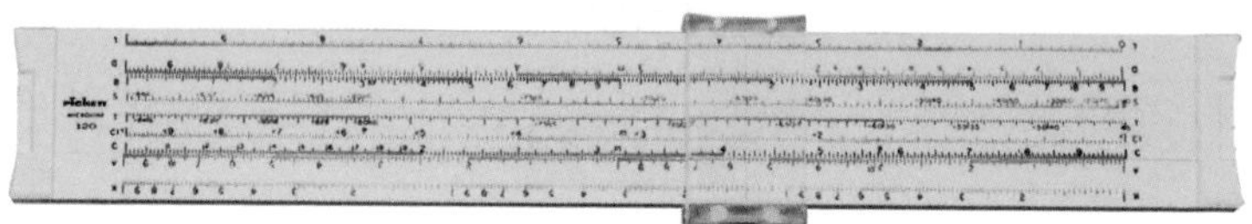

▲ 미국 국가항공 자문 위원회의 '루이스 비행 추진 연구소'에서 사용 중인 계산자.

수행할 수 있었다. 만약 여러분이 1950~1960년대에 고등학생이었다면 물리학과 고등수학 시간에 이 계산자를 자랑스럽게 들고 다녔을 것이다.

아폴로 계획에는 피켓 사의 계산자가 사용되었다. 버즈 올드린은 계산자 N600-ES 모델을 가지고 아폴로 11호에 탑승해 달을 향해 날아갔다. 이 자는 2007년 경매에서 7만7,675달러에 낙찰되었다.

1970년대 중반에는 미국 텍사스 인스트루먼트나 휴렛 팩커드 같은 회사들이 셔츠 주머니에 들어가는 소형 전자계산기를 판매하면서 계산자는 자취를 감추기 시작했다. 하지만 오늘날에도 나이 많은 과학자들은 가끔 향수에 젖은 채 다락방의 상자를 뒤지고는 한다. 그리고 그 안에서 역사의 한 조각인 계산자를 찾아내 괴짜들이 세계를 지배하던 시절을 떠올린다!

25

접안 마이크로미터

가장 정밀한 천문학적 관측 장비

1630년

이중성(육안으로 볼 때, 2개의 별이 우연히 같은 방향에 놓이거나 가까이 인접해 있어서 하나처럼 보이는 별)의 존재는 고대 로마 시대부터 알려져 있었다. 당시에는 북두칠성에 속한 이중성인 미자르와 알코르를 구별할 수 있는지 여부로 궁수를 선발했다. 하지만 천문학자들이 이중성에 호기심을 갖게 된 것은 망원경이 발견된 후다. 미자르가 이중성이라는 사실이 밝혀진 것은 1650년경이었지만 천문학자들이 이러한 항성계에 진지하게 주의를 기울이기 시작한 것은 수십 년이 더 지난 후였다. 1718년까지 발견된 이중성은 가장 가까운 별인 알파 센타우리를 포함해 고작 6개에 불과했다. 전환점이 된 사건은 1767년, 영국의 목사 겸 천문학자 존 미첼이 '쌍을 이룬 별들이 뉴턴의 중력 법칙에 따라 서로의 주위를 공전하고 있다'는 사실을 발표한 것이다. 이 사실을 기초로 별의 질량비를 구할 수 있게 되었다. 과거에는 얻을 수 없었던 태양계 밖 천체의 귀중한 측정치였다. 약 10년 후, 독일의 천문학자 크리스티안 마이어가 이 아이디어를 바탕으로 그때까지 알려진 이중성의 목록을 작성했다.

1630년대 후반, 영국의 천문학자이자 기구 제작자인 윌리엄 개스코인이 광학 기구를 만들던 중 우연히 거미줄 한 가닥이 기구의 광학 경로 위에 떨어졌다. 개스코인은 그와 비슷한 장치를 눈금이 매겨진 나사와 함께 사용하면 초정밀 측정이 가능하리라는 사실을 깨달았다. 이것이 오늘날 공학자들이 쓰는 마이크로미터(Micrometer)의 전신이다. 개스코인은 망원경의 접안렌즈에 마이크로미터를 적용해 달과 행성의 지름을 정밀하게 측정하는 데 성공했다.

영국의 천문학자 윌리엄 허셜은 자신이 만든 대형 망원경과 직접 설계한 마이크로미터를 이용해 이중성을 연구하기 시작했다. 그는 접안렌즈 안에 마이크로미터 나사로 움직일 수 있는 섬유를 배치해 별의 정확한 위치를 관측했다. 1년간의 연구와 관측을 통해 허셜은 지구가 태양 주변을 돌기 때문에 생기는 시차 변화 대신, 별들 자체가 곡선 경로를 따라 이동한다는 사실을 발견했다. 허셜은 이것을 별들이 공통된 질량 중심 주변을 돌고 있기 때문이라고 해석했다. 그리고 1828년에 큰곰자리를 연구하던 프랑스의 천문학자 펠릭스 사바리가 그 사실을 증명한다. 이 발견을 계기로 이중성의 측정과 목록 작성이 활발하게 이루어지기 시작해 1800년대 중반에 사진이 등장할 때까지 계속되었다. 오늘날까지 그 궤도가 관측된 이중성은 10만 개가 넘으며, 초기 관측의 다수는 마이크로미터를 사용한 것이다.

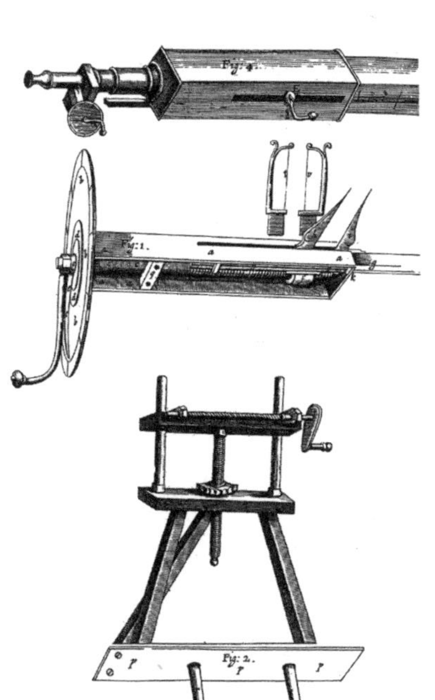

◀ 영국의 천문학자 로버트 훅이 그린 개스코인의 마이크로미터.

▶ '브라운 대학 래드 천문대' 망원경의 접안렌즈에 부착된 현대식 마이크로미터.

26

시계식 회전 장치

망원경으로 관측하는 새로운 방식

1674년

밤하늘을 한동안 관찰하다 보면 별들이 한자리에 머물러 있지 않다는 사실을 알게 된다. 지구는 자전축을 중심으로 23시간 56분 4초에 한 바퀴씩 회전한다. 따라서 망원경을 통해 보면 별들이 시야를 가로지르며 이동하는 것처럼 보인다. 1094년, 중국의 과학자 소송은 독창적인 물시계 장치를 혼천의에 적용해 하늘이 회전하는 것처럼 보이는 현상을 최초로 보정했다. 이것은 18세기에 대형 망원경이 등장하기 전까지

널리 알려지지 않은 기술이었다. 1674년, 영국의 천문학자 로버트 훅은 망원경에 시계 장치를 적용하는 방법에 관한 논문을 썼다. 1685년, 프랑스의 천문학자 조반니 카시니는 시계 구동 렌즈를 설계했다. 그리고 1824년, 독일의 기구 제작자 요제프 폰 프라운호퍼가 처음으로 시계식 추적 장치를 사용한 망원경을 만들었다. 에스토니아의 타르투 천문대에 있던 지름 약 25cm의 도르파트 굴절 망원경으로, '적도의'식 가대(물건을 얹기 위해 밑을 받쳐 세운 구조물)와 지구의 자전에 맞춰 극축을 회전시키는 시계 장치를 갖추고 있었다.

초기의 시계식 회전 장치는 추를 떨어뜨려 동력을 얻었다. 1834년, 전기 모터가 발명됐지만 시계식 회전 장치를 돌릴 수 있을 만큼 강력한 모터가 개발된 것은 1800년대 후반에 이르러서였다. 21세기의 대부

▼ 칠레의 아타카마 사막에서 장시간 노출로 촬영한 사진.

분 동안에도 시계식 회전 장치는 모터로 작동하는 수많은 톱니바퀴로 이루어진 기계 장치였다. 그러다 컴퓨터의 속도가 적도의식이 아닌 '경위대'식 가대[Alt-Az 가대라고도 한다. Alt(Altitude)는 지평선에서부터 천체까지의 높이를 뜻하고 Az(Azimuth)는 지평선을 따라 천체가 있는 방향까지 잰 각도를 뜻한다]의 작동에 필요한 계산을 감당할 수 있을 만큼 빨라지면서 중요한 진보가 일어났다. 오늘날에는 사실상 지름 2.7m 이상의 모든 망원경이 컴퓨터와 스테퍼 모터로 작동하는 경위대식 가대를 사용하며, 이것이 관측 대상의 정확한 방위각과 고도를 지속적으로 계산해 망원경의 방향을 초당 몇 회씩 혹은 더 빠르게 조정해 준다.

이러한 도구들 덕분에 몇 시간씩 접안렌즈로 추적하며 관찰해야 했던 희미한 천체의 분광 분석과 사진 연구가 가능해졌다. 망원경의 회전 장치가 없었다면 우주가 확장 중이라는 사실이나, 먼 행성 표면의 세부 촬영 등 21세기 천문학의 대표 성과 대부분이 불가능했을 것이다.

◀ 이 기계식 회전 장치는 미국 캘리포니아의 윌슨 산 천문대에 있는 지름 1.5m 망원경에 사용되다가 1968년에 스테퍼 모터와 전자 제어 시스템으로 교체되었다.

27

자오환

성표 작성을 도와주는 기발한 도구

1690년경

GPS가 발명되기 전에는 정밀한 시계로 경도를 확인하고 육분의로 위도를 확인하면서 항해해야 했다. 이때 항해사들은 천체력을 참고했다. 천체력은 천체의 위치, 밝기 등을 나타낸 표를 뜻한다. 천문학자들은 수 세기 동안 별의 위치를 정확하게 측정해 정밀한 성표를 만드는 일에 매달렸다.

1690년경, 덴마크의 천문학자 올레 뢰머가 발명한 자오환은 이러한 성표를 만드는 데 커다란 도움을 주었다. 84쪽 사진의 비엔나 쿠프너 천문대의 자오선 망원경처럼 1800년대에는 여러 천문대와 해군 관측소에서 자오환을 사용한 망원경으로 별의 위치와 자오선 통과 시간을 측정함으로써 시계를 만들 수 있었다. 이러한 시계는 선박에 실리는 경도 측정용 해상 시계를 맞추는 데 쓰이기도 하고, WWV 단파 라디오 방송국과 원자시계를 통해 시간을 맞추는 방식이 개발되기 전까지는 시간 표준기로도 사용되었다.

자오선 망원경은 해당 지역의 자오선을 따라서만 움직이도록 설치했다. 이 자오선상의 위치가 별의 적위(지구의 위도와 비슷한 천문학적 좌표)이며, 현미경으로 읽어야 하는 미세한 눈금을 사용해 이것을 정밀하게 측정했다. 접안렌즈 내부의 세밀한 망선(렌즈의 초점에 놓인 가느다란 선)은 자오선과 수직을 이루는 각도 기준을 제공해 별의 적경(지구의 경도와 비슷한 천문학적 좌표)을 나타내 주었다. 적경이 알려져 있는 별이 남북을 잇는 망선 위를 정확히 지나갈 때 그 지역의 정확한 항성시를 계산할 수 있었고, 이것을 이용해 천문대의 시계를 맞출 수 있었다. 별의 적경이 알려져 있지 않을 경우에는 현지 시계를 이용해 접안렌즈 안에서 별이 자오선을 지나는 정확한 시간을 기록해 적경을 계산할 수 있었다.

이런 방식으로 별 하나하나가 자오선을 통과하는 시간을 관측해 얻은 좌표로 정확한 성표를 만드는 일은 대단히 지루한 작업이었다. 1801년경까지 가장 훌륭한 성표는 프랑스의 천문학자 제롬 랄랑드가 발표한 것으로 광도 9.0 이상의 별 4만7,000개가 수록돼 있다. 그 후에는 1859~1862년까지 출간된 《본 항성목록(Bonner Durchmusterung)》이 이를 대체했다. 독일의 천문학자 아르겔란더의 주도로 만들어진 이 책에는 32만 개 이상의 별이 수록돼 있어 사진술이 발명되기 전까지 가장 광범위한 성표였다. 별의 위치를 몇 분의 1각초까지 정확하게 측정할 수 있게 된 것은 바로 자오선 통과를 관측하는 기술 덕분이었다.

◀ 쿠프너 천문대에 있는 19세기의 자오환.

▲ 올레 뢰머가 만든 세계 최초의 자오환.

28

스키디 포니 성도

천체를 기록한 신성한 꾸러미

1700년

18세기 초에 그 수가 6만 명이 넘었던 포니족은 북아메리카의 대평원인 그레이트플레인스에서 가장 규모가 크고 강력한 부족에 속했다. 그중에서도 '스키디(늑대) 포니'는 네브라스카의 노스플랫 강가에서 살던 포니족의 한 무리였다. 이들은 밤하늘에 관한 지식이 풍부했으며 가족과 마을을 이루게 해 준 것도, 생활 방식과 의식을 가르쳐 준 것도 모두 별들이라고 믿었다. 마을의 배치조차 하늘에 떠 있는 중요한 별들의 위치를 따랐다.

많은 북아메리카 원주민 부족이 그렇듯이 포니족도 다양한 형태의 구술(입으로 말함)을 통해 지식을 전달했다. 따라서 수백 년이 지난 지금까지 남아 있는 문자 기록이나 예술품은 드물다. 그래도 다행히 일부는 남아 있는데 가로 56cm, 세로 38cm 크기의 부드러운 벅스킨(Buckskin, 사슴·양·염소 등의 가죽) 조각이 그중 하나다. 이것은 인류학자 조지 도시와 제임스 R. 머리가 수집한 유물 중 하나로 1906년, 시카고 필드 박물관에 소장되었다. 포니족의 관습을 상세히 기록한 학자 머리는 포니족 혈통이었다. 스키디 포니 성도라고 불리는 이 가죽 조각은 포니족이 '크고 검은 유성의 꾸러미'라고 부르던 '신성한 꾸러미(Sacred Bundle, 북아메리카 원주민들이 신성하다고 여기는 물건을 한데 묶어 대대로 물려주던 것)' 71,898번에 포함되었다. 정확한 연도는 확인되지 않았지만 1700년대에 만들어진 것으로 추정된다. 이 가죽 조각 위에 그려진

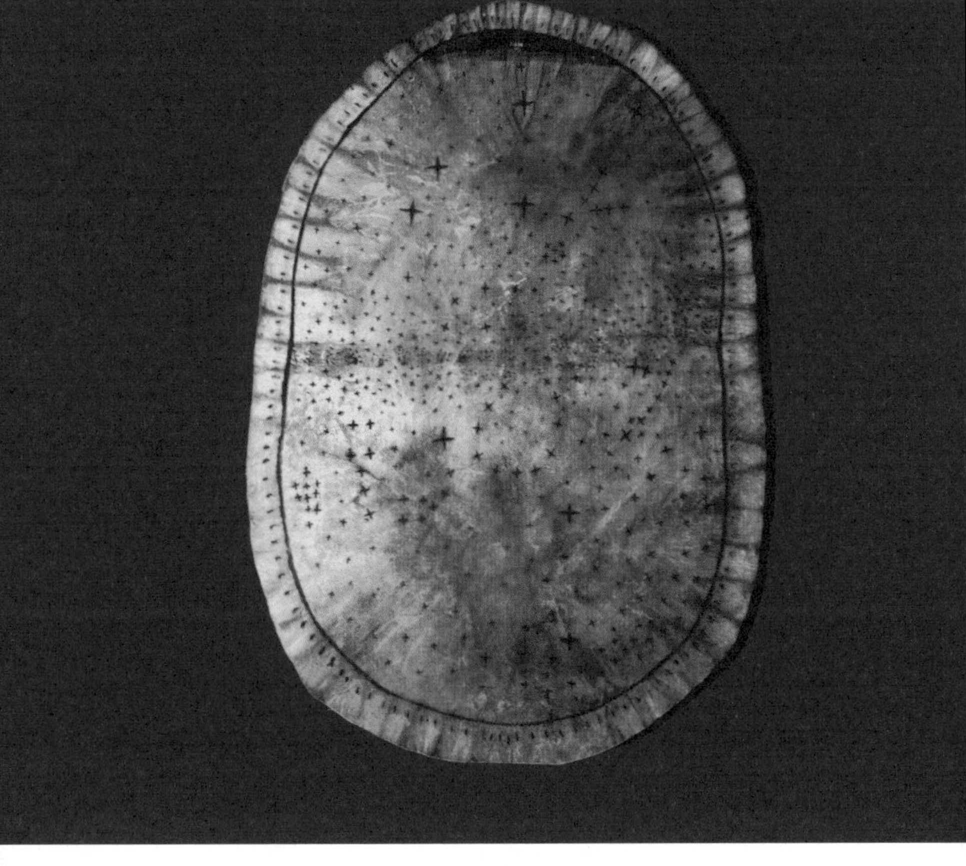

점과 십자가들은 주요한 별과 별자리들의 대략적인 위치를 나타낸다. 6개의 십자가가 모여 있는 플레이아데스 성단, 극둘레 별자리인 큰곰자리와 작은곰자리, 포니족이 '걸어다니지 않는 별'이라고 불렀던 북극성이 보이고, 플레이아데스 아래쪽에 V 자 형태로 모인 십자가들은 황소자리의 히아데스 성단을 의미한다. 둥근 형태의 북쪽왕관자리와 마치 은하수처럼 지도의 중앙을 흐르고 있는 거뭇거뭇한 점들도 보인다. 이것은 스키디 포니족의 놀라운 관측 능력을 증언하는 유물인 동시에 하나의 아름다운 예술 작품이다.

29

그을린 유리로 태양 관측하기

천체 관측을 대중화한 일식 안경의 원조

1706년

연기에 그을린 유리를 사용해 태양을 관측하던 역사는 이제 거의 잊혔지만 과거의 문헌 속에 이 저렴한 관측 방법을 언급한 기록이 몇몇 남아 있다. 그중에서도 1706년 5월 12일, 《런던 왕립학회 철학 회보(Philosophical Transactions of the Royal Society of London)》에 실린 짧은 편지가 가장 오래된 기록으로 추정된다.

관측 방법은 아주 간단하다. 유리 조각을 촛불 위로 살짝 기울여서 연소할 때 나오는 그을음이 햇빛을 가릴 수 있을 만큼 넓고 진하게 덮이도록 만들면 된다.

19세기에 전문적으로 태양을 관측하는 사람들은 안전을 위해 특수 제작한 필터를 사용했지만 이것은 평범한 사람들이 쓰기에는 너무 비쌌다. 그을린 유리는 19~20세기의 개기일식(태양이 달에 완전히 가려 보이지 않는 현상) 기간에 대단히 큰 인기를 끌었다. 1874년과 1888년에 금성의 일면통과가 있었을 때는 수천 명의 사람들이 그을린 유리를 사용해 검은 점 같은 금성이 태양면 위를 가로지르는 모습을 관찰했다는 신문 기사가 실렸다. 이 방법은 육안으로 관찰하는 것보다는 안전했지만 여전히 위험했다. 유리가 태양의 광도를 충분히 가려 주지 못하면 망막이 손상될 수도 있었다. 그러나 이 방법 덕분에 일식을 관찰하는

◀ 1882년, 아이들이 그을린 유리로 금성의 일면통과를 관측하는 모습을 묘사한 《하퍼스 위클리(Haper's Weekly)》 표지.

일이 대중적인 이벤트가 되면서 천문학에 대한 관심이 높아졌다.

1800년대 후반부터 안과 의사들은 그을린 유리로 태양을 관찰하는 것이 망막에 손상을 입을 수도 있다고 경고했다. 유럽에서 일식이 발생했던 1912년 4월에는 독일에서만 3,500건이 넘는 망막 손상이 보고되었다. 1947년 11월 12일, 로스앤젤레스에서도 일식이 지나간 후 수십 명의 어린이들이 눈에 손상을 입고 눈앞에 검은 점이 보이는 증상을 겪었다.

그을린 유리는 1940년대에도 계속 이용되었다. 그러나 뉴잉글랜드의 하비 앤 루이스 안경사 같은 기업이 1932년 8월 31일, 메인 주 포틀랜드 지역을 지나가는 개기일식을 관측하는 용도의 안경을 개발한 후로는 그 인기가 시들해졌다. 마분지로 만들어진 이 10센트짜리 안경은 밀도 높은 필름 소재의 렌즈 두 개로 이루어져 있었으며, 그을린 유리보다 훨씬 편리하고 깨끗했다.

2004년과 2012년에 있었던 금성의 일면통과와 2017년 8월 21일 북아메리카에서 관찰된 개기일식 당시 사용된 태양 관찰 안경은 초기의 관찰 안경과 기본적인 구조는 크게 다르지 않았지만 위험한 방사선을 막아 주는 필터가 부착돼 있었다. 안전성이 개선되자 천체 관측 이벤트에 참여하는 사람들도 늘어났다. NASA를 비롯한 여러 기관들이 최신식 관측 안경을 수백만 개씩 배포해, 2004년 일식이 발생했을 때는 전 세계적으로 약 10억 명의 사람들이 훨씬 더 안전하게 태양을 관찰할 수 있었다.

◀ 현대의 일식 안경.

30

자이로스코프

로켓이 똑바로 날아가게 해 주는 도구

1743년

과거에는 로켓을 발사하면 언제나 똑같은 문제가 발생했다. 아무리 위를 향해 똑바로 발사해도 일단 공중에 뜨면 옆으로 기울어지면서 측면에서 작용하는 힘과 바람에 의해 추락하고 말았다. 1934년, 독일의 과학자들은 자이로스코프(Gyroscope)에서 이 문제의 해결책을 찾아냈다. 자이로스코프란, 축을 중심으로 빠르게 회전하는 장치로 어느 방향이든 회전할 수 있도록 만들어졌다. 여기에 힘을 가해서 움직이게 만들면 자이로스코프는 그 힘에 저항하면서 고정된 축을 중심으로 하는 회전을 유지하려고 한다. 독일 과학자들은 이 장치가 마치 보이지 않는 강한 손처럼 로켓을 회전시키면서, 위로 올라갈 때 일정한 방향을 유지하게 만든다는 사실을 발견했다. 하지만 대형 로켓의 질량은 이러한 힘만으로 감당하기에는 너무 컸다. 1935년 3월 28일, 미국의 로켓 과학자 로버트 고다드가 훨씬 더 좋은 아이디어를 생각해 냈다. 바로 3개의 자이로스코프를 로켓의 자세(방향) 감지기로 사용하는 것이다.

이러한 자이로 감지기를 로켓의 노즐에서 가스가 분사되는 방향을 조정하는 '제트 베인'의 제어 장치와 연결하면, 아무리 무거운 로켓도 바람의 상태와 관계없이 완벽하게 수직 방향으로 날아가게 만들 수 있었다. 고다드는 A-5 로켓의 발사를 통해 이 시스템을 세심하게 프로그래밍하면 로켓이 궤도에 진입하는 데 필요한 수평 비행도 가능하다는 사실을 보여 주었다. 고다드의 이 방법은 공개 문헌에 발표되어 독일

의 공학자 베르너 폰 브라운이 만든 파괴적인 로켓 V-2에 사용되기도 했다.

세계 최초의 우주비행사로 알려진 소련(러시아)의 유리 가가린이 레드스톤 로켓을 타고 역사적인 유인궤도 비행을 한 지 단 3주 후인 1961년 5월 5일, 미국의 앨런 셰퍼드는 프리덤 7호를 타고 고도 187.5km의 우주 공간까지 비행한 최초의 우주비행사가 되었다. 이 두 비행 모두 자이로스코프라는 간단한 장치에 기초한 관성 유도 시스템이 없었다면 불가능했을 것이다.

▲ 고다드가 만든 로켓의 자이로스코프.

◀ V-2 로켓의 자이로스코프.

31

전지

우주선의 동력

1748년

전기가 없었다면 21세기 천문학과 우주 연구 분야는 그 어떤 발전도 불가능했을 것이다. 전기 자체의 발견은 고대 그리스의 철학자 탈레스가 호박을 문지르면 흙이 끌어당겨지는 현상을 발견했던 시대까지 거슬러 올라간다. 하지만 전하를 축적해 더 자세한 연구를 할 수 있게 된 것은 1745년, 축전기의 원형인 라이덴 병(Leyden jars, 당시에는 물을 채운 병 안에 철사를 담근 형태였다)이 발명된 후였다. 그로부터 몇 년 후인 1748년, 미국의 정치가 겸 과학자 벤저민 프랭클린은 라이덴 병을 여러 개 결합해 위험할 정도로 큰 방전을 일으킬 수 있는 '배터리(전지)'를 만들었다. 이후 전지를 정전기로 충전하는 다양한 장치가 고안되었지만 전하가 안정적으로 계속 흐르게 만들 간편한 방법이 없었다. 그러다 1800년, 이탈리아의 물리학자 알레산드로 볼타가 혁신적인 화학 전지를 발명한다.

볼타의 전지는 아연판과 구리판을 교대로 배치하고 소금물에 적신 천을 그 사이에 끼운 것이었다. 이것을 겹겹이 쌓으면 아래쪽의 구리판과 위쪽의 아연판을 연결한 철사를 통해 전하가 지속적으로 흐르게 만들 수 있었다. 이 조합을 사용하면 전지 하나당 0.76볼트의 전기가 발생했다. 1808년, 영국의 화학자 험프리 데이비는 2,000개의 전지를 연결해 아크 등(기체 방전의 하나인 '아크'를 이용한 전등)의 첫 점등에 필요한 1,500볼트 이상의 전기를 얻을 수 있었다.

전지는 우주탐사와 천문학 연구에 필수적이다. 우주에서는 태양전지판이나 방사성 동위원소 열전기 발전기(RTG)로 전기를 생산할 수 있지만 이러한 전기는 보통 나중을 위해, 특히 태양이 행성에 가려져 일식 현상이 일어날 때를 대비해 저장해 둬야 한다. 1960년대 초의 우주선들은 니켈 카드뮴 전지를 태양전지판에 사용했다. 1970년대에는 더 강력한 리튬 이온 전지가 개발돼 우주뿐 아니라 지구상에서도 전화기, 노트북 컴퓨터 같은 휴대용 장비에 널리 사용되기 시작했다. NASA의 국제 우주정거장에서는 원래 니켈 수소 전지를 사용했지만 이 또한 출력이 더 높은 리튬 이온 전지로 교체되었다. 1990년에 발사된 허블 우주망원경은 약 95분에 한 번씩 지구 궤도를 돌며 그중 약 36분간은 지구의 그림자 속에 있다. 2009년에 교체되기 전까지 이 망원경에 장착된 6개의 니켈 수소 전지는 18년 동안 450암페어 시간 분량의 전력을 생산했다.

◀ 4개의 라이덴 병을 연결해 만든 단순한 형태의 전지.

▲ 이탈리아 코모의 볼타 박물관에 있는 알레산드로 볼타의 전지.

PREMIER VOYAGE AÉRIEN EXÉCUTÉ DANS UN AÉROSTAT À GAZ HYDROGÈNE PAR CHARLES ET ROBERT, Le 1er Déc. 1783. DÉPART DES TUILERIES.

32

필라트르와 다를랑드의 열기구

최초의 비행

1783년

인간이 수천 년간 하늘을 나는 일에 관심을 갖지 않았더라면 20세기 후반 우주로 가는 일은 불가능했을 것이다. 최초의 비행이라고 하면 흔히 1903년, 미국 노스캐롤라이나 주 키티호크에서 하늘을 날았던 라이트 형제를 떠올린다. 하지만 인간이 최초로 중력을 이기고 하늘을 난 것은 그보다 훨씬 오래전 일이다. 모든 것은 풍선에서부터 시작됐다!

프랑스의 조제프 미셸 몽골피에, 자크 에티엔 몽골피에 형제는 불을 피워 공기를 데우는 방식으로 자루를 하늘에 띄우는 실험을 여러 번 거친 끝에 1783년 9월 19일, 드디어 성공을 거뒀다. 최초의 열기구에 탄 승객은 양과 오리, 수탉이었으며 8분간의 비행 끝에 약 450m 고도에 도달한 후 안전하게 착륙했다. 그 후 1783년 11월 21일, 프랑스의 과학자들인 필라트르 드 로지에와 다를랑드가 지상에 묶여 있지 않은 기구를 타고 고도 900m까지 최초의 유인 비행을 하는 데 성공한다. 열기구는 대단히 위험한 이동 수단이었다. 초기에는 풍선에 불이 붙는 경우가 꽤 있었다. 사실 세계 최초의 항공 재난도 열기구로 인해 발생했다. 1785년 5월 10일, 아일랜드의 도시 털러모어에 열기구가 추락하면서 화재가 발생해 주택 약 100채가 불에 타는 피해를 입었다.

◀ 1783년, 세계 최초의 유인 수소 기구 비행 장면이 그려진 엽서.

프랑스의 과학자 자크 샤를은 색다른 아이디어를 떠올렸다. 불이 아니라 공기보다 가벼운 수소 같은 기체를 이용하면 어떨까?

프랑스의 기술자 형제 안 장 로베르, 니콜라 루이 로베르가 샤를을 위해 세계 최초의 수소 기구를 제작해 띄운 것은 1783년 8월 27일의 일이다. 그리고 얼마 후인 1783년 12월 1일에는 최초의 유인 수소 기구 비행에 성공했다. 그들은 2시간 동안 약 550m 고도를 비행하는 기회를 낭비하지 않고 기압계와 온도계로 지표면 위 대기의 기상 상태를 측정하기까지 했다. 나중에 샤를은 홀로 비행에 나서서 고도 1,800m 이상까지 올라갔다.

기구를 과학적으로 처음 이용한 사람은 오스트리아의 물리학자 빅토르 헤스였다. 그는 1911~1913년에 서로 다른 고도에서 공기 중의 전하를 측정할 수 있는 간단한 검전기를 기구에 싣고 몇 킬로미터 높이까지 올라갔다. 1912년 4월 17일, 일식 도중에 헤스는 햇빛이 없어도 공기 중의 전하량이 계속 유지된다는 사실을 발견했고, 그 원인이 우주 공간에 있으리라는 결론을 내렸다. 1928년, 미국의 물리학자 로버트 밀리컨이 그 원인을 밝혀내 우주선(Cosmic Ray, 우주에서 끊임없이 지구로 내려오는 매우 높은 에너지의 입자선)이라는 이름을 붙였다. 1970년대에는 헬륨을 사용한 기구를 고도 3만m까지 띄워 다양한 과학적 측정을 할 수 있게 되었다.

33

윌리엄 허셜의 12m 망원경

당대 최대 규모의 과학 기기

1785년

1770년대 초부터 천문학에 심취하기 시작한 영국의 프레드릭 윌리엄 허셜은 그 전까지 24개의 교향곡과 수많은 협주곡, 교회 오르간 음악을 작곡한 뛰어난 음악가였다. 그러다 구경 15cm, 길이 2m의 망원경을 처음 만들면서 역사에 길이 남을 발견을 향해 나아가기 시작했다. 이때부터 허셜은 적극적으로 이중성을 찾으며 목록을 만들었다. 이중성은 뉴턴 이후 시대에 인기 있었던 관측 대상이었다. 1781년 3월, 자신의 2m짜리 망원경으로 이중성을 찾던 허셜은 희미하게 움직이는 천체를 발견했다. 이것이 고대 이후 최초로 발견된 행성인 천왕성이다.

1782~1802년 허셜은 다양한 망원경으로 관측한 2만5,000개에 달하는 비항성 천체의 체계적인 목록을 만들고, 그중 2,400개 이상을 형태에 따라 분류했다. 허셜의 목록은 《성운의 일반 목록(The General Catalogue of Nebulae)》이라는 제목으로 1786, 1789, 1802년에 총 3권이 출판되었으며 나중에 그의 여동생 캐롤라인과 아들인 존이 그 내용을 더욱 보충한 《신판 일반 목록(New General Catalogue)》을 발표하기도 했다. 이것은 심원천체(별과 태양계의 천체들을 제외한 성운·성단·은하 등의 천체)에 관한 가장 포괄적인 목록 중 하나로 이 목록의 개정판은 현재까지도 사용되고 있다. 오늘날 하늘에서 관측되는 거의 모든 밝은 성운과 은하에는 《신판 일반 목록》의 약자인 NGC 번호가 매겨져 있다. 예를 들면 오리온성운은 NGC1973으로 불린다.

1785년, 허셜은 영국의 왕 조지 3세의 후원으로 길이 12m짜리 망원경을 만들었다. 이것은 당시 가장 큰 과학 기기로 구리와 주석의 합금으로 만든 '스페큘럼 반사경'의 지름이 약 1.2m, 철로 만든 경통의 길이가 약 12m였다. 크고 무거워서 다루기 힘들었고, 허셜에 따르면 작은 망원경만큼 선명하고 또렷한 상이 맺히지 않았다고 한다.

그럼에도 불구하고 이 망원경이 세계적으로 유명하고 역사적으로도 중요한 이유는 제작될 당시 역사상 가장 큰 과학 기기였으며, 허셜이 이 망원경을 이용해 토성의 위성인 미마스와 엔셀라두스를 발견했기 때문이다. 적어도 1845년, 영국의 천문학자 윌리엄 파슨스가 '파슨스타운의 리바이어던'이라고 불린 구경 1.8m짜리 망원경을 만들기 전까지는 망원경 금속 반사경 제작 기술의 최첨단을 보여 주는 장비였다.

▶ 1912년, 영국 왕립 학회와 왕립 천문학회가 런던에서 출간한《윌리엄 허셜 경의 과학 논문들(The Scientific Papaers of Sir William)》에 실린 그림.

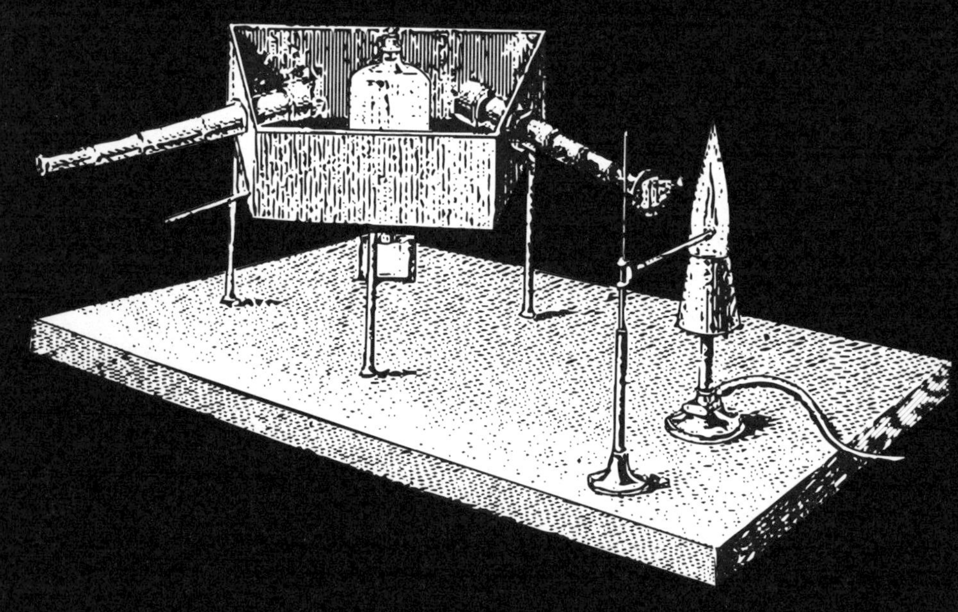

▲ 키르히호프의 분광기.

34

분광기

별의 구성 물질을 알아내다

1814년

근대 과학의 선구자였던 영국의 아이작 뉴턴은 간단한 형태의 프리즘을 통과하는 빛을 이용해 햇빛의 성질을 연구했다. 여기에 기술적 천재성을 발휘하며 도구를 진화시킨 사람은 독일의 물리학자 요제프 폰 프라운호퍼였다. 프라운호퍼는 뛰어난 렌즈 제작자이자 당시 제작이 까다로웠던 과학 기기를 만드는 사람이었다. 그는 황동과 연마한 유리를 사용해 망원경에 쓰이는 광학 렌즈의 정밀도를 높이기 위한 여러 도구를 제작했다. 하지만 정밀도를 획기적으로 높이기 위해서는 초정밀 렌즈 제작을 위한 단일 파장의 광원이 필요했다. 그래서 그는 회절 현상을 통해 태양광으로부터 순수한 빛을 얻을 수 있는 분광 장치를 개발했다. 또한 그 과정에서 우연히 햇빛과 별빛의 가장 유용한 특성, 즉 그 빛을 만드는 원자에 관한 정보가 담겨 있다는 사실을 발견했다.

1814년 당시 빛의 굴절이 파장에 따라 달라진다는 사실은 알려져 있었지만 햇빛은 서로 다른 '색'들의 조합이었다. 프라운호퍼는 프리즘과 망원경을 이용해 분산된 햇빛을 고배율에서 관찰하다 이 색들을 아주 선명하게 보여 주는 도구를 발명했다. 바로 분광기다. 그는 측량에 쓰이는 것과 같은 세오돌라이트 망원경을 사용했지만 대신 햇빛이 먼저 프리즘을 통과한 뒤 망원경을 통과하게 만들었다. 뉴턴처럼 덧문에 바늘구멍을 뚫는 대신 프라운호퍼는 좁고 기다란 구멍을 뚫었고 이것을 통과한 햇빛의 스펙트럼 위에서 약 600개의 검은 선을 발견했다. 이

선들은 태양으로부터 곧장 오는 빛이든 혹은 달에 반사된 빛이든 동일한 위치에 나타났다. 또한 일부 선은 특정한 광물을 태울 때 발생하는 불꽃에서 나오는 빛의 선과 그 위치가 같았다. 그중 가장 두드러지는 선들을 프라운호퍼선이라고 부른다.

그 후 독일의 물리학자 구스타프 키르히호프와 화학자 로베르트 빌헬름 분젠은 이 선이 물체가 방출한 빛 중에서 특정 파장이 흡수된 부분을 의미하며 이것을 통해 광원이 수소, 헬륨 등 어떤 원소로 이루어져 있는지 알 수 있다는 사실을 밝혀냈다. 프라운호퍼와 당대 과학자들의 발견은 천문학 분야에 혁명을 가져왔다. 이제 인류는 태양, 별을 비롯해 빛을 방출하는 천문학적 물질의 원소 구성을 알아낼 수 있게 되었다. 이러한 기술이 없었다면 현대 천문학은 우주가 무엇으로 만들어졌는지 전혀 알 수 없었던 18세기에서 더 나아가지 못했을 것이다.

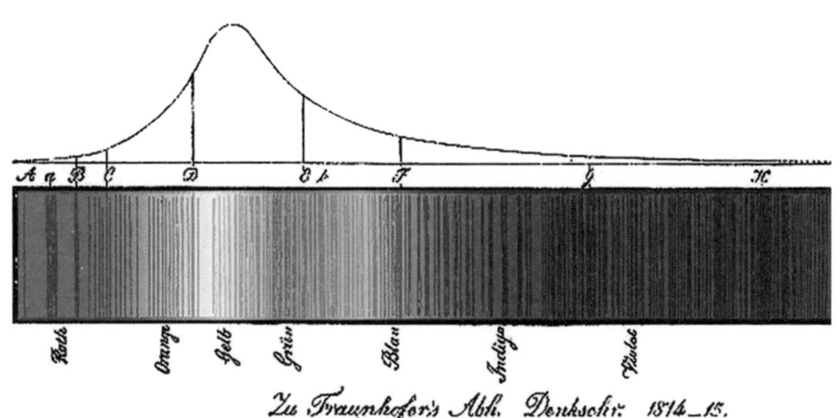

▲ 햇빛의 스펙트럼을 그린 프라운호퍼의 스케치에 색을 입힌 버전.

35

다게레오타이프 카메라

천문학 사진의 시작

1839년

수천 년 전의 천문학자들은 하늘에서 관찰한 것을 판화와 엉성한 그림으로 남겨야 했고, 여기에는 종종 실제로 보이는 것보다 관측자가 보고 싶은 모습이 담겼다. 19세기 초에는 천문학 미술의 기교와 정확성이 한 단계 더 높아졌지만 사진 기술, 즉 필름 카메라가 발명되면서 빠르게 추월당했다.

최초의 카메라는 프랑스의 화가 루이 다게르가 발명했으며, 1839년 전 세계에 소개되었다. 1800년대 초에는 다른 사진 촬영 기술도 연구되고 있었지만 다게레오타이프 방식(연마한 은판을 사용한 사진 기술)이 단연 두각을 나타냈다. 다게르는 자신의 기술에 특허를 내 이익을 얻지 않았다. 대신 프랑스 정부가 종신 연금을 지급하는 대가로 그 권리를 인수했다. 프랑스는 1839년 8월 19일, 다게레오타이프 기법을 전 세계에 무료로 공개했고 1853년에는 미국에서만 약 300만 장의 다게레오타이프 사진이 제작되었다.

이 새로운 발명품이 하늘을 향하는 데는 오래 걸리지 않았다. 1839년, 프랑스의 물리학자이자 수학자인 프랑수아 아라고는 프랑스 국민회의에서 한 연설에서 사진술의 응용 분야를 길게 열거했는데 그 중에 천문학도 포함돼 있었다. 다게르 자신도 1839년 초에 지금까지 알려진 최초의 천문학 사진 촬영을 시도했지만 초점이 맞지 않은 결과물이 나왔다고 한다. 이 사진은 나중에 화재로 소실되었다.

1년 후인 1840년 3월, 미국 뉴욕 대학의 화학 교수 존 윌리엄 드레이퍼가 초점이 맞은 최초의 달 사진을 찍는 데 성공했다. 13cm짜리 반사망원경을 사용해 20분간 촬영한 다게레오타이프 사진이었다. 1845년에 프랑스의 물리학자 레옹 푸코, 이폴리트 피즈가 찍은 다게레오타이프 사진은 아마도 태양을 촬영한 최초의 사진일 것이다. 이탈리아의 물리학자 잔 알레산드로 마요키는 1842년 7월 8일, 자신의 고향 밀라노에서 최초로 개기일식을 촬영하려고 시도했지만 실패했다. 1874년 12월 9일, 금성의 일면통과가 있었을 때는 프랑스의 과학자 피에르 장센이 연속적인 다게레오타이프 사진으로 태양을 가로지르는 금성의 움직임을 포착했다.

다게레오타이프는 1870년대에 더 발전되고 사용하기 편한 필름 재료가 개발될 때까지 천문학 분야에서 계속 사용되었다. 지금은 쓰이지 않는 기술이라도 하늘을 찍은 최초의 사진을 남겼다는 점에서 우주 연구 분야에서 차지하는 의미가 크다.

◀ 1839년의 다게레오타이프 카메라.

▶ 존 드레이퍼가 찍은 최초의 달 사진.

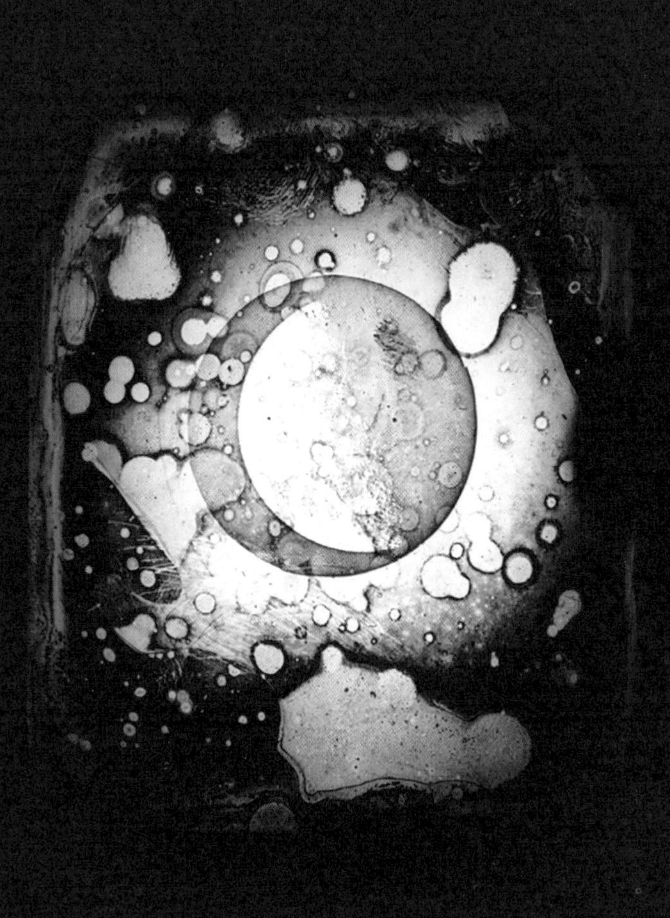

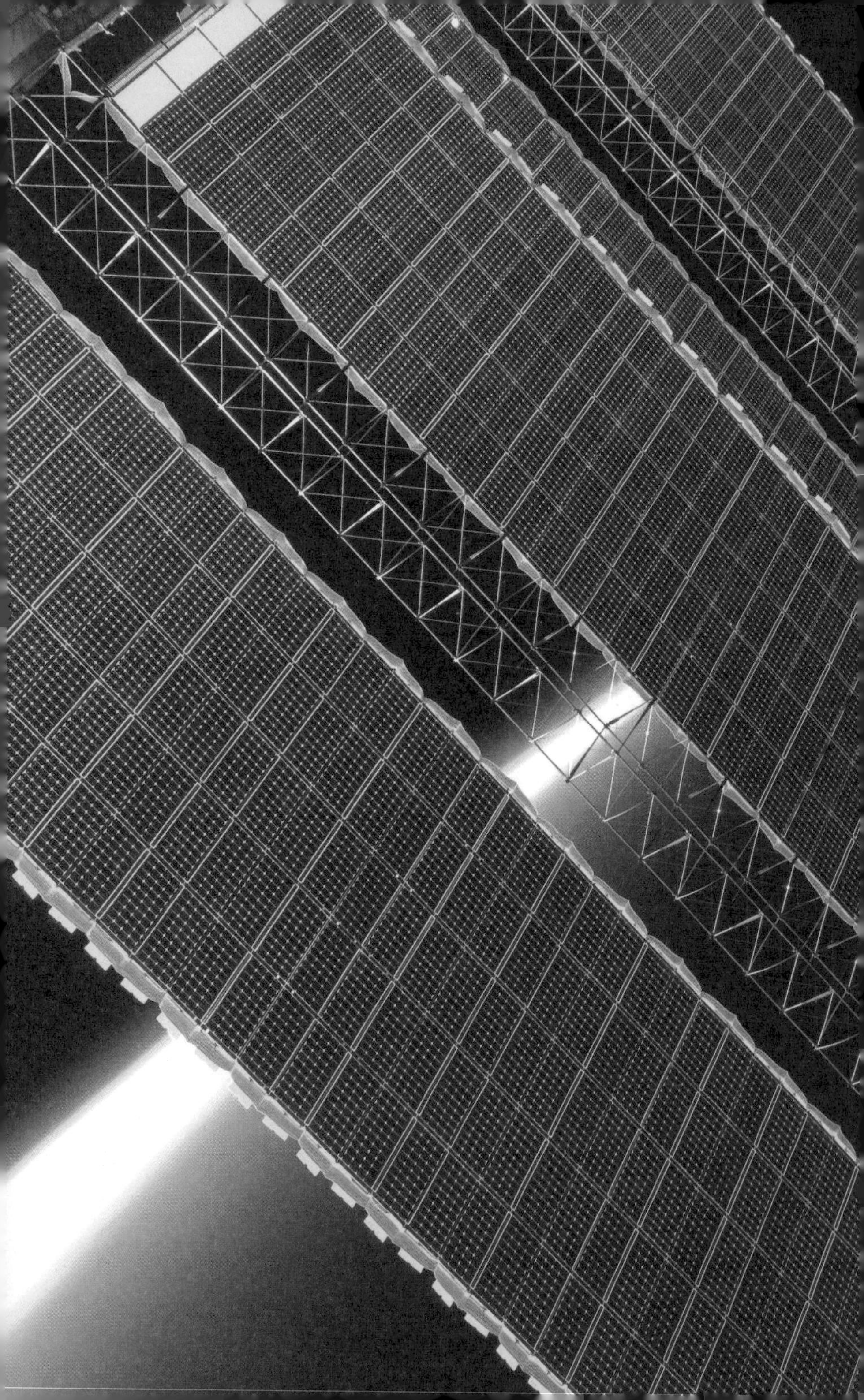

36

태양전지판

우주선의 동력

1839년

1839년, 19세의 프랑스 물리학자 에드몽 베크렐은 아버지의 연구실에서 실험을 하다가 역사적인 발견을 했다. 염화은을 산성 용액과 섞어 햇빛에 노출시키면 전류가 생성된다는 사실이다. 나중에 '광전효과'라고 불리게 되는 현상이다. 1870년대에는 황을 포함한 광석의 흔하고 저렴한 부산물이었던 셀레늄에서 광전효과가 관찰되었다. 구리판에 녹인 셀레늄을 부어 전극을 만들고 그 위에 금박을 입혀 두 번째 전극을 만들면 마법이 일어났다. 반투명한 금박 위에 빛을 비추자 셀레늄과 금의 접합 부위에서 전자가 방출되면서 전류가 생성되었다. 이것은 단순히 이색적인 화학 실험을 넘어 한 세기 반이 흐른 후 친환경 에너지 혁명의 기폭제가 될 발견이었다.

1883년, 34세의 미국인 발명가 찰스 프리츠는 최초의 태양전지를 개발했다. 그는 이것을 자신의 뉴욕 집 옥상에 설치함으로써 역사상 최초로 햇빛으로부터 대량의 전기를 생산하려고 시도한 사람이 되었다. 이 전지는 흡수한 태양광의 겨우 1%를 전기 에너지로 바꾸는 정도였지만 향후 태양광 기술이 꾸준히 발전할 수 있는 토대가 되었다. 이 기술은 훗날 우주여행에도 중요한 역할을 하게 된다. 하지만 그 전에 먼저 효율을 획기적으로 높여야 했다.

◀ 국제 우주정거장의 태양전지판.

1941년, 미국의 공학자 러셀 올은 실리콘을 사용해 최초의 현대적인 태양전지를 만들었다. 그러나 태양전지의 효율을 6%까지 끌어올린 것은 1954년의 일이었다. 고효율 태양전지가 개발되자 소비재에도 쓰이게 되었다. 1957년에는 최초의 태양광 라디오가 생산되었고, 1970년대에는 태양광 계산기와 시계가 만들어졌다. 이제 태양열 발전 기술은 우주에서도 사용할 수 있는 수준에 도달했다.

미국의 첫 인공위성인 익스플로러 1호에는 이 기술이 사용되지 못했다. 소련의 스푸트니크 1호에 대응해 급하게 만들어진 위성이었기 때문이다. 하지만 우주에서의 태양광 발전 분야를 개척한 한스 지글러 물리학 박사의 주도하에 뱅가드 1호에는 태양전지판이 탑재되었다. 1958년에 발사된 이 위성은 최초로 태양전지판을 사용한 우주선이었다.

태양광 발전은 오늘날에도 위성 시스템의 전기 생산에 사용되고 있다. 우주에서는 우주선 내의 도구와 장비 작동, 추진에 사용된다. 우주선 가동에 중요하기 때문에 보통 회전이 가능하게 만들어서 항상 빛을 직접 받을 수 있도록 한다.

오늘날 우주 최대 규모의 태양전지는 국제 우주정거장에 있다. 이곳의 전지는 총 26만2,400개로 축구 경기장의 절반만 한 면적이다. 여기에서 최대 120킬로와트의 전기가 생산되는데 우주정거장 시스템을 운영하고도 남을 만한 전력이다!

◀ 옛 엽서에 실린 프리츠의 뉴욕 집 옥상의 태양열 발전 시스템.

37

파슨스타운의 리바이어던

마지막 망원경

1845년

윌리엄 파슨스는 아일랜드의 부유한 천문학자였다. 옥스퍼드 대학에서 수학 학사 학위를 받은 후 천문학에 관심을 가진 그는 구리와 주석의 합금인 스페큘럼 소재의 반사경을 장착한 여러 망원경을 제작했다. 파슨스가 세운 연구 계획은 윌리엄 허셜의 목록에 있는 수많은 성운 사이에서 1755년에 이마누엘 칸트가 세운 가설, 즉 행성계는 중력붕괴(중심부의 강한 인력에 의해 천체의 모든 물질이 중심부로 급격히 수축하는 현상)하면서 회전하는 가스 원반에서 형성되었다는 이론을 증명, 또는 반증할 예를 찾아내는 것이었다. 그렇게 하려면 흐릿한 성운의 세부까지 또렷하게 볼 수 있는 커다란 망원경이 필요했다.

문제는 그때까지 누구도 지름 1.8m의 스페큘럼 반사경을 장착한 뉴턴식 반사 망원경을 만든 적이 없다는 것이다. 당연히 안내서 같은 것도 없고 3톤짜리 거대한 거울을 연마해 완벽한 형태로 만드는 비결을 공유해 줄 사람도 없었다. 망원경 제작은 1842년에 시작돼 상당히 애를 쓴 끝에 1845년, 이른바 '파슨스타운의 리바이어던'이 완성되었다. 그러나 아일랜드 대기근이 닥치면서 파슨스도 천문학과 멀어져 궁핍한 사람들을 지원하는 일에 매달려야 했다. 기근이 막바지에 달했던 1848년에야 파슨스는 관측을 다시 시작해 소용돌이 은하(메시에 51), 게성운(메시에 1)을 관측하고 스케치했다. 망원경의 성능은 메시에 51의 나선팔(나선은하의 중심부에서 소용돌이 모양으로 뻗어 나오는 팔과 같은 구조)을 자세히 관찰하기에 충분했고 이것은 그의 대표 업적이 되었다. 리바이어던이 연구에 사용된 것은 1890년이 마지막이었지만 1917년, 미국 캘리포니아 남부의 윌슨 산 천문대에 2.5m짜리 후커 망원경이 만들어지기 전까지는 세계에서 가장 큰 구경의 망원경이었다.

리바이어던은 공학·광학 기술 분야에서 역사적인 역할을 담당했으나, 커다란 스페큘럼 거울을 장착한 마지막 망원경으로서, 어느 정도 크기 이상의 거울을 금속으로 만들면 형태를 잡기가 어렵고 쉽게 변색되는 등 여러 문제가 생긴다는 사실을 보여 주었다. 그래서 또 다른 소재를 물색하게 되었다. 1856년, 독일의 물리학자 카를 슈타인하일과 프랑스의 물리학자 레옹 푸코가 유리 블록에 은을 얇게 씌우는 방법을 고안했다. 그리고 1879년, 영국의 천문학자 앤드루 커먼이 최초로 은을 입힌 유리를 사용한 지름 90cm의 망원경 거울을 만들었다. 그 후 1917년에 윌슨 산 천문대의 2.5m 후커 망원경, 1948년에 팔로마 천문대의 5m 헤일 망원경 등 점점 더 큰 단일 거울 망원경들이 계속 만들어졌다.

반사 망원경의 스페큘럼 거울은 뉴턴의 시대인 1668년부터 파슨스타운의 리바이어던이 마지막으로 사용된 1890년까지 200년 넘게 다른 대체품이 없는 망원경 부품이었다. 이것이 새로운 기술로 대체되면서 리바이어던은 한 시대의 끝을 상징하는 유물이 되었다.

◀ 윌리엄 파슨스가 1845년경에 소용돌이 은하(메시에 51)를 그린 그림.

38

크룩스관

핵입자의 감지와 측정

1869년

천문학자들은 우주선 입자(물질을 구성하는 미세한 크기의 물체)든 행성의 방사선대 안에 갇힌 입자든 어떤 입자의 질량을 알아낼 때 질량 분석기를 사용한다. 그 입자가 평범하고 흔한 수소 원자인지 혹은 새로운 종류의 철이나 우라늄 원자인지에 따라 우주에 대한 이론적 지식은 크게 달라진다. 천문학자들이 이 차이를 구분할 수 없었다면 우주에 대한 과학적 지식 중 상당수는 얻을 수 없었을 것이다.

영국의 물리학자 윌리엄 크룩스는 1869~1880년 여러 가지 방전관을 가지고 실험했다. 부분 진공 상태의 이 관들은 한쪽에 금속판(음극)

이 있고 반대쪽에 또 다른 금속판(양극)이 붙은 형태였다. 전극 사이를 전지로 연결하자 관 속의 기체가 형광 녹색으로 빛나고 십자가 형태의 양극은 뒤편에 있는 유리 벽에 그림자를 드리웠다.

1800년대 후반에 음극에서 나오는 이 녹색 빛이 무엇인지를 알아내기 위한 수많은 실험이 이루어졌다. 양극을 가운데에 구멍이 뚫린 원판으로 교체해 음극 입자로 이루어진 빛줄기를 관 내부에서 볼 수 있도록 만들기도 했다. 1897년에 크룩스는 그 빛줄기를 가로지르는 자석을 설치하여 자석의 N극과 S극의 방향에 따라 빛줄기가 위쪽이나 아래쪽으로 휜다는 사실을 발견했다. 이러한 여러 실험을 통해 음극선을 이루는 입자들이 전자라는 사실이 밝혀졌다.

비슷한 도구를 사용해 이온화된 네온 원자를 연구하던 영국의 물리학자 조지프 존 톰슨과 그의 조수 프랜시스 애스턴은 원자들이 서로 다른 방향으로 휘어져 2개의 점이 맺히는 것을 발견했다. 그들은 원자량이 각각 22와 20인 두 가지 형태의 네온이 있다는 결론을 내렸다. 더 무거운 네온은 '메타 네온'이라고 불렸는데 오늘날 이것은 2개의 중성자를 더 가진 네온의 동위원소(원자 번호는 같으나 질량수가 서로 다른 원소)로 알려져 있다.

애스턴은 이 기술을 이용한 동위원소 연구를 계속해 질량 분석기라는 새로운 도구를 개발했다. 그리고 다양한 원소들을 가지고 실험해 봤더니 저마다 몇 가지씩의 동위원소 형태를 가지고 있었다. 이런 식으로 그는 자연적으로 발생하는 200개 이상의 동위원소를 찾아냈다. 애스턴은 질량 분석기를 사용한 동위원소의 발견으로 1922년 노벨 화학상

◀ 현대의 크룩스관. 음극선으로 인해 녹색으로 빛난다.

을 수상했다. 이 모든 것은 크룩스관에서 시작된 것이다!

애스턴이 발명한 도구는 우주 연구 분야에서 유용하게 쓰이고 있다. 질량 분석기는 사실상 모든 우주선에 탑재되어 태양풍의 입자, 지구를 비롯한 행성 주변 방사선대의 입자, 행성 대기의 구성 성분을 알아내는 역할을 한다. 우주선(Cosmic Ray)의 성질을 밝히는 데도 질량 분석기가 사용되었다.

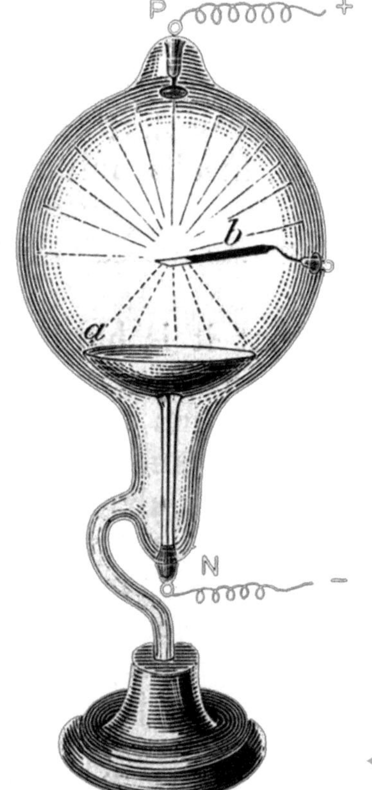

◀ 윌리엄 크룩스가 설계한 크룩스관. 음극이 오목거울 형태다.

39

3극 진공관

전자공학의 탄생

1906년

1894년, 이탈리아의 전기공학자 굴리엘모 마르코니가 최초의 헤르츠파 무선 전신 장치를 발명했지만, 약한 신호를 증폭할 수 있게 된 것은 그로부터 12년 후인 1906년, 미국의 공학자 리 디 포리스트가 발명한 오디온 진공관 덕분이었다. 그 후 기술적인 개선을 통해 청취에 더 민감한 헤드셋을 만드는 일에 초점이 맞춰졌다. 3극 진공관은 헤드폰으로 들어오는 전류의 실제 세기를 개선함으로써 라디오 수신기 개발 분야에 극적인 변화를 가져온 발명품이다.

필라멘트(Filament, 백열전구나 진공관의 내부에서 전류를 통해 열전자를 방출하는 실처럼 가는 금속 선)와 플레이트(Plate, +전극의 역할을 하는 양극판)로 이루어진 포리스트의 3극 진공관은 에디슨의 전구보다 조금 더 복잡했다. 전지의 전류로 필라멘트를 가열해 여기에서 방출된 전자가 진공관을 통해 플레이트로 이동, 관 내부에 전류가 흐르도록 한 장치였다. 포리스트는 필라멘트와 플레이트 사이에 그리드(Grid, 그물이나 나선 모양의 전극) 형태의 전선을 설치해, 그리드의 전압을 변화시킴으로써 필라멘트-플레이트의 전류를 제어할 수 있다는 사실을 발견했다. 필라멘트-그리드-플레이트 3극을 사용해서 '3극 진공관'이라는 이름이 붙었다.

그리드 회로에 적용되는 전류는 필라멘트-플레이트의 전류보다 훨씬 약했기 때문에 이러한 구조는 플레이트 회로의 약한 신호를 증폭시

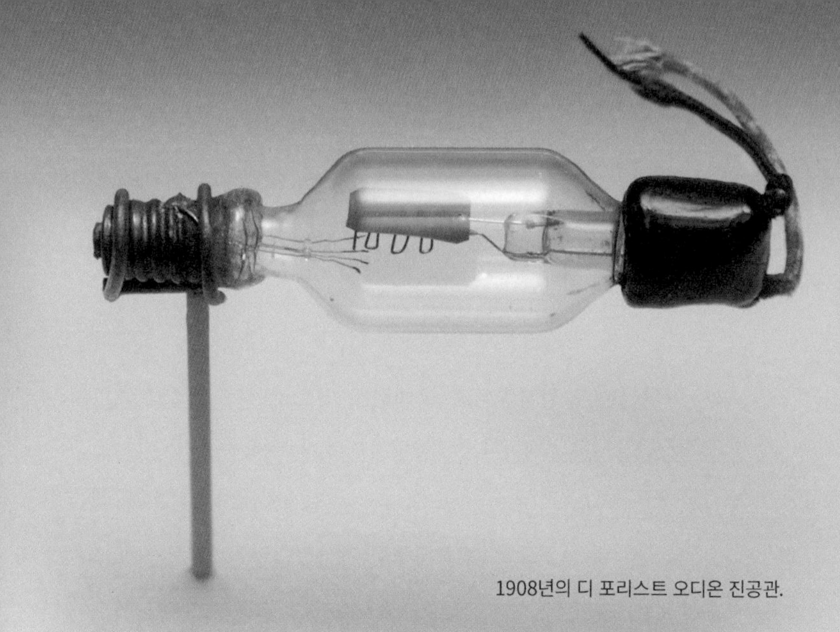
1908년의 디 포리스트 오디온 진공관.

켜 주었다. 1912년, 미국의 공학자 에드윈 암스트롱이 최초의 재생식 라디오 수신기의 설계에 이러한 증폭 방식을 적용해 실질적인 무선 통신이 가능하게 함으로써 기술의 대중화를 촉진했다.

이제 우주탐사 이야기가 나올 차례다. 전자학의 시작점으로 여겨지는 3극 진공관이 기여한 바는 그 무엇보다 크다. 전기 신호를 보내는 일은 우주탐사의 기본이다. 장거리 통신이 불가능하면 우주선은 제 기능을 할 수 없다. 그러한 통신을 가능하게 한 것이 3극 진공관과 그 뒤를 이은 트랜지스터였다. 약한 신호를 전자 증폭시키는 방식은 오늘날 먼 우주에서 오는 전파 신호를 탐지하는 데도 중요하기 때문에 우리가 우주를 탐사하고 외계 생명체를 찾을 수 있게 도와주기도 한다.

40

이온 로켓엔진

획기적인 추진 장치

1906년

추진제를 이온화한 '이온 로켓'이라는 말은 대단히 이색적으로 들리지만 숨겨진 기본 원리는 간단하고 명확하다. 독자들의 집 거실에도 있을 텔레비전과 연관이 있다. 1800년대 후반, 필라멘트에서 방출된 전자 빔이 형광 면에 닿으면 발광한다는 사실이 알려졌다. 구식 CRT 텔레비전 브라운관의 기본 원리는 이 빔을 제어해 이미지가 나타나게 하는 것이다. 시속 3만km의 속도로 유리 스크린에 부딪치는 전자들이 전달하는 운동량은 브라운관의 더 큰 관성으로 인해 소멸되었다. 따라서 물리적으로 움직이는 텔레비전 부품은 없다. 하지만 만약 똑같은 음극선(전자의 흐름)을 필라멘트가 자유롭게 움직일 수 있는 진공실 안에서 쏜다면, 스크린 반대쪽으로 마치 로켓처럼 튕겨 나갈 것이다.

음극선이 화학 추진제를 대체할 수 있다는 아이디어는 1906년에 이미 로버트 고다드가 자신의 연구 노트에 기록해 두었다. 고다드는 자신이 개발한 액체 연료 화학 로켓만큼이나 이온 로켓을 연구하는 데도 많은 시간을 쏟았다. 1920년에는 '전기를 띤 기체 제트를 만드는 방법 및 도구'에 대한 특허를 취득하기도 했다.

이온 로켓 모터라는 개념을 이론적으로 확장해 실제 로켓 설계에 적용한 사람은 독일의 물리학자 에른스트 슈툴링거였다. 그는 나중에 베르너 폰 브라운과 함께 V-2 로켓을 만들기도 했다. 제2차 세계대전이 끝나고 미국으로 건너간 폰 브라운의 로켓 연구 팀은 그곳에서 이온 엔진 연구를 계속했다. 그러나 NASA를 통해 이 기술을 처음 테스트한 것은 1961년의 일이었다.

NASA는 슈툴링거의 설계안을 사용해 세슘과 수은을 연료로 사용하는 엔진을 연구하기 시작해 1961년 9월 27일 2,000와트에서 작동하는 첫 엔진을 테스트했다. 그리고 1964년, 처음으로 이온 엔진을 탑재한 첫 위성 SERT-1을 발사했다. 엔진 중 하나는 작동하지 않았지만 다른 하나는 30분 동안 일정한 추진력을 제공해 귀중한 데이터를 얻었을 뿐 아니라, 이온 추진 장치가 우주의 진공 상태에서도 작동한다는 사실을 증명했다. 1980년대에 상업 위성 발사의 전성기가 시작되자 여러 위성에 이온 엔진이 탑재돼 '정지 궤도 위성(궤도가 지구의 특정 위치에 고정돼 있는 위성)'이 지정된 궤도 슬롯 내에서 정위치를 유지할 수 있게 가볍게 밀어 주는 추진력을 제공했다. 하지만 공학자들은 여러 기술적 문제를 극복하기 위해 더 높은 출력과 더 복잡한 엔진 설계를 통해 이 기술을 더욱 발전시켰다.

1998년, NASA의 딥 스페이스 1호(DS1)는 이온 엔진을 주 추력(물체를 운동 방향으로 밀어붙이는 힘) 장치로 사용한 최초의 우주선이었다. 이 우주선의 엔진은 제논 이온을 분사하면서 1만6,000시간 동안 0.09뉴턴의 추력을 일정하게 제공했다. 우주선의 태양 궤도를 변

◀ X3 이온 엔진 시험 모습.

▶ 1959년, 미국 오하이오 주 클리블랜드의 글렌 연구 센터에서 있었던 이온 엔진의 시험 모습.

경해 소행성 9969 브라유와 19P/보렐리 혜성에 도달하는 데 사용된 제논 추진제의 양은 겨우 150kg이었다. 그 후 하야부사(일본, 2003), SMART-1(유럽 연합, 2003), 돈(미국, 2007), 베피콜롬보(유럽 연합과 일본, 2018) 등 여러 우주선이 DS1의 선례를 따랐다. 한편 공학자들은 이온 엔진의 추진력을 계속 증가시키고 있다. 현재까지 최고 기록은 '화성 엔진'이라고 불리는 X3이 2017년 시험 가동에서 기록한 5.4뉴턴이다.

41

후커 망원경

가장 유명한 망원경

1917년

전 세계에는 성능 좋은 망원경이 수천 개나 가동 중이고, 가동 중지된 망원경은 더 많다. 그중 우주탐사의 역사에서 가장 중요한 것을 하나만 고르는 것은 까다로운 일이다. 대신 가장 유명한 망원경은 있다! 바로 미국 캘리포니아 윌슨 산 천문대에 있는 후커 망원경이다. 지름 2.5m의 반사경을 포함해 제작 당시 전례가 없었던 거대한 크기 때문에 모든 면에서 막대한 지원이 필요했다.

지름 2.5m짜리 거울을 만들어 연마하는 데 들어가는 비용 4만 5,000달러(오늘날 가치로 100만 달러 이상이다)는 미국의 제철업자이자 아마추어 천문학자인 존 D. 후커가 지원했다. 앤드루 카네기는 망원경과 돔을 만드는 데 필요한 나머지 자금을 제공했다. 이러한 자금 조달은 이미 지름 1.5m짜리 헤일 망원경을 만든 적이 있는 미국의 천문학자 조지 헤일이 맡았다.

우선 윌슨 산 정상까지 이어지는 14km의 도로를 넓히고 거대한 거울을 제작해야 했다. 1906년, 프랑스의 유리 공장에 주문한 미가공 상태의 거울은 1908년이 되어서야 완성됐다. 그리고 이 4톤짜리 유리 원반을 연마해 거울로 만드는 데는 5년이 걸렸다. 가장 힘든 작업은 지구가 자전할 때 망원경이 별을 계속 향할 수 있게 해 주는 시계 장치를

◀ 윌슨 산 천문대에 있는 지름 2.5m의 후커 반사 망원경.

설계하는 것이었다. 2톤짜리 추를 떨어뜨려 2톤짜리 시계 장치를 구동하는 방식이었다. 하지만 가동을 시작하면 정밀한 스위스 시계처럼 돌아가야 했다.

1917년에 완공된 후 1949년까지 후커 망원경은 세계에서 가장 큰 망원경이었으며, 당대의 가장 흥미로운 연구들에 활용되었다. 1919년에는 이 망원경에 항성 간섭계를 장착하고 최초로 항성(베텔게우스)의 지름을 측정하는 데 성공했다. 1923년에는 미국의 천문학자 에드윈 허블이 이 망원경으로 안드로메다의 별들을 관측해 이 성운이 우리 은하 밖의 또 다른 은하라는 사실을 처음으로 밝혀냈다. 그리고 1920년대 후반에는 허블과 그의 동료인 밀턴 휴메이슨이 은하 10여 개의 속도를 측정해, 허블의 법칙(멀리 있는 은하일수록 빠른 속도로 멀어진다는 관측)을 증명해 우주가 팽창하고 있다는 사실을 확인했다.

42

로버트 고다드의 로켓

최초의 액체 연료 로켓

1926년 3월 16일

액체를 연료로 사용하는 로켓의 아이디어를 처음 낸 사람이 누구인지는 논란이 있다. 그러나 실제 이것을 처음 활용한 사람은 1926년 3월 16일, 미국에서 최초로 액체 산소와 휘발유를 추진제로 쓰는 로켓을 발사한 로버트 고다드였다. 그는 자신의 일기에 이렇게 썼다.

"그 로켓이 특별히 큰 소음을 내지도 불꽃을 일으키지도 않고 떠오르는 모습은 거의 마법 같았다. 마치 '여기에는 충분히 오래 있었으니까 괜찮다면 이제 다른 곳으로 가 볼게요'라고 말하는 것 같았다."

훗날 거대한 로켓들이 만들어진 것은 고다드가 촉발시킨 바로 이 기술 덕분이었다.

액체 연료는 고체 연료보다 효율이 높고 필요에 따라 점화와 소화를 하기 쉽기 때문에 더 큰 로켓을 더 정밀하게 조종할 수 있는 길을 열어주었다. 1930년대 독일의 로켓 공학자들은 액체 연료를 사용하는 V-2 로켓을 완성함으로써 더 크고 강력한 미래를 향한 첫걸음을 내디뎠다. 이것은 또한 1957년, 그 유명한 스푸트니크 1호(176쪽 참고)의 발사를 위한 기초가 되었다. 액체 연료는 고체 연료에 비해 제어력이 뛰어나고 더 안전했기 때문에 NASA의 머큐리 계획, 제미니 계획, 아폴로 계획 등 유인 우주 계획에도 사용되었다. 특히 아폴로 계획의 경우 수 톤의 화물을 하늘로 쏘아 올리기 위해서 추력이 큰 액체 연료가 필요했다.

21세기에도 액체 연료 로켓은 화성으로 보내는 과학 화물의 발사체부터 민간 기업 스페이스X의 신형 로켓엔진인 멀린 1D(추력 93톤)와 블루 오리진 BE-4(추력 250톤)까지 우주탐사 분야에서 활발하게 사용되고 있다. NASA가 설계한 오리온(현재 퇴역한 우주왕복선을 대신할 목적으로 개발 중인 우주선)의 발사 로켓에 사용될 J-2X는 액체 수소와 액체 산소의 혼합물을 사용해 133톤의 추력을 제공한다.

1926년, 고다드의 로켓은 아주 멀리까지 날아가거나 땅을 뒤흔드는 굉음을 내거나 거대한 불꽃을 일으키지는 못했지만, 인류가 하늘 너머로 무언가를 쏘아 올리는 방식을 완전히 바꿔 놓았다!

◀ 미국 미시시피에서 시험 준비 중인 J-2X 엔진. 엔진 하나의 무게가 2.5톤이 넘으며 달 탐사 로켓 새턴 V에 사용된 J-2 엔진보다 약 25% 이상 향상된 추력을 낼 것으로 예상된다.

▶ 발사 전 로켓 옆에서 포즈를 취하는 고다드.

43

밴더그래프 발전기

입자 가속 기술의 시초

1929년

천문학의 기초는 물질의 성질과 그것이 시간과 공간에 따라 어떻게 상호 작용하는지를 정확히 이해하는 것이다. 20세기 초반부터 천문학이 꾸준히 발전해 온 데는 입자 가속기 혹은 원자 파괴기라고도 불리는 강력한 도구 덕이 크다. 이것은 아원자 입자를 아주 빠르게 가속한 후 원자나 다른 입자에 충돌시켜서 무엇이 분리돼 나오는지 보는 장치다. 양성자와 중성자만 나올 거라고 생각할지도 모르지만 알베르트 아인슈타인의 공식 $E=mc^2$에 따라, 충돌로 인해 생성된 에너지는 느슨한 아원자 입자를 흔들 뿐 아니라 새로운 입자를 만들어 내기도 한다. 또한 양자역학의 기본 원리에 따라 입자의 에너지가 클수록 파장은 짧아진다. 이것은 충돌하는 입자들을 이용해 마치 현미경에 빛을 비춘 것처럼 더 미세한 부분을 관찰할 수 있다는 뜻이다.

이러한 고속 충돌은 미국의 물리학자 로버트 밴더그래프의 연구가 없었다면 불가능했다. 1929년, 프린스턴 대학교에서 연구 중이던 밴더그래프는 입자를 고에너지로 가속할 수 있는 획기적인 장치를 발명했다. 전기의 기본적인 원리에 따르면 전기가 통하는 전선의 두 지점 사이에서 전위차(전압)가 커지면 전류는 더 빠르게 흐른다. 구름과 지면 사이의 전위차가 마찰로 인해 커질 때 번개가 발생하는 것도 그래서다. 밴더그래프 발전기는 회전하는 패브릭 소재의 벨트 안에서 마찰을 이용해 정전기 전하를 발생시킨다. 이 전하들은 지면과 절연체로 분리된

구체에 모인다. 전하가 많이 축적될수록 구체와 지면의 전위차는 계속 증가한다. 이 전위차를 이용해서 다른 하전 입자들을 가속해 목표물에 충돌하게 만들 수 있다.

밴더그래프가 이 원리를 시험하기 위해 제작한 첫 번째 장치는 평범한 양철통과 작은 모터, 그리고 실크 리본으로 이루어져 있다. 그 후 연구 자금을 지원받아 더 개선된 기계를 만들어서 1931년에는 150만 볼트의 전위차를 발생시켰다. 밴더그래프는 자신의 기계에 대해 '간단하고 저렴하고 휴대가 가능하며 필요한 전력은 일반 램프 소켓으로도 충분히 공급할 수 있다'고 썼다.

1937년, 웨스팅하우스 전기 회사는 핵 과학의 산업적 활용 가능성을 알아보기 위해 펜실베이니아 주 포레스트 힐스에 거대한 밴더그래프 발전기를 사용한 약 20m 높이의 입자 가속기를 만들었다. 2개의 패브릭 벨트가 2m 높이의 수직 통로를 따라 올라가서 전하를 모으는 구체와 연결되어 있고, 이 시스템 전체가 구체 표면에서 대기 중으로 전하가 빠져나가는 것을 막기 위해 120psi의 공기로 채워진 서양 배 모양의 탱크 안에 들어 있었다. 수직 통로 안의 벨트 사이에는 하전 입자들이 파이프 아래쪽에 있는 충돌 목표물을 향해 흘러가는 긴 진공관이 있었다. 입자가 도달하는 에너지는 구체에서 발생하는 전위차와 같았다. 벨트를 오래 돌릴수록 더 많은 전하가 축적되고 전압도 더 높아져서 가속기가 더 높은 에너지를 얻을 수 있었다. 이 기계는 오늘날 우주선의 중요한 동력원이자 우주의 별과 은하를 이루는 물질의 특성을 보여 주는 창이기도 한 핵에너지의 연구에 혁명을 불러왔다.

44

코로나그래프

언제든 관측 가능한 일식

1931년

수 세기 동안 천문학자들은 태양이 코로나라는 대기에 둘러싸여 있으며, 그 주변부에는 시간에 맞춰 나타났다 사라지는 작고 다양한 특징들이 있다는 사실을 희미한 증거로만 파악하고 있었다. 하지만 운전할 때 전방의 도로를 또렷하게 보기 위해서 실내등을 끄는 것처럼, 태양 원반보다 훨씬 희미해서 보통 태양 빛에 가려 보이지 않는 이런 특징들을 밝혀내기 위해서는 먼저 개기일식을 자세히 관찰해야 했다. 일식 동안에는 달의 원반이 강렬한 태양 빛을 가려서 그런 희미한 특징들을 그림이나 사진으로 쉽게 남길 수 있었다.

1931년, 프랑스 뫼동 천문대의 천문학자 베르나르 리오는 이 원리를 이용해 태양 주변을 망원경으로 더 명확하게 관찰할 수 있는 획기적인 방법을 생각해 냈다. 바로 인공 일식을 만드는 것이다. 기본 원리는 간단하다. 망원경 안에 보이는 태양 표면의 상 위에 태양과 같은 크기의 검은 차광판을 올려 빛을 막는 것이다. 그러나 이론과 달리 이 방법은 쉽지 않았다. 거울과 접안렌즈 사이의 어느 지점에 차광판을 설치해야 하는지 결정하기가 어려웠다. 이 문제를 연구하던 리오는 마침내 차광판의 올바른 위치를 정하고 거기에 자신의 발명품을 추가했다. 태양의 산란광을 없애 주는 리오 스톱(Lyot Stops)이라고 불리는 빛 차단 장치였다.

리오가 개발한 독창적인 시스템의 원리는 이렇다. 빛이 망원경으로

들어와 렌즈를 통해 초점이 맞춰진다. 여기에 카메라 대신 태양의 상과 지름이 같은 차광판을 배치한다. 그러면 코로나의 빛은 차광판을 넘어서 지나갈 수 있다. 그런데 문제가 있었다! 차광판 때문에 태양 주변에 빛의 회절로 인한 고리가 생기면서, 태양 원반의 미광이 코로나의 빛과 섞이게 된다는 점이다. 여기서부터 방법이 복잡해진다. 차광판으로 가려진 상을 두 번째 렌즈로 다시 관측하면서 두 번째 차광판을 설치해 처음 맺힌 상의 미광을 차단한다. 그런 다음 세 번째 렌즈로 새로운 상의 초점을 잡는다. 이렇게 하면 검은 원판이 태양을 완벽하게 가린 상태에서 오로지 코로나의 희미한 빛만 남는다.

코로나를 관측하기 위한 장치인 코로나그래프(Coronagraph)가 발전하는 동안 이 기술은 놀라운 성과를 냈다. 1990년대 후반, NASA와 유럽 우주국이 함께 개발한 태양 및 태양권 관측 위성(Solar and Heliospheric Observatory)에 탑재된 코로나그래프는 태양 폭풍이 부는 동안 태양에서 방출되는 플라스마의 극적인 이미지를 방송국과 과학자들에게 제공했다. 이때 우주 기상(space weather)이라고 불리는 태양 폭풍과 그 밖의 관련 현상들이 최초로 저녁 뉴스의 소재가 되기도 했다. 우주 기상 악화는 무엇보다 위성들의 고장 원인이 되었기 때문이다.

코로나그래프는 지상의 태양 망원경, 관측 위성에 널리 쓰이게 되었고 외계 행성의 탐색에도 사용되고 있다. 밝은 별빛을 차단하고 가까운 행성의 희미한 빛만 포착할 수 있기 때문이다.

◀ 태양 및 태양권 관측 위성이 포착한 태양 코로나의 이미지.

▼ 유럽 남방 천문대의 VLT(Very Large Telescope, 초거대 망원경)에 장착된 코로나그래프 SPHERE(Spectro-Polarimetric High-contrast Exoplanet Research, 분광 편광계에 의한 고대비 외행성 연구). 목성보다 큰 외행성의 이미지를 직접 포착할 수 있다.

45

잰스키의 회전목마 전파 망원경

전파 천문학의 탄생

1932년

1930년대 초에는 무선 기술이 상업용 전파를 점령했다. 거의 모든 집에 라디오 수신기가 있었고, 가족들은 함께 모여 라디오를 들었다. 그보다 몇십 년 전인 1896년, 독일의 천문학자 요하네스 빌싱과 율리우스 샤이너는 우주에서 지구까지 날아온 자연적인 전파가 있을지도 모른다는 가설을 세웠다. 하지만 지구 대기권 상부의 전리층 때문에 지구에 닿기도 전에 우주로 반사돼 나갈 것이라는 결론에 도달했다.

1931년, 벨 전화 연구소의 전파공학자 칼 잰스키는 대서양 횡단 전파에 섞여 드는 잡음의 원인을 연구하던 중 거대한 전파 안테나를 만

들었다. 이 안테나는 회전하는 플랫폼 위에 세워서 방향을 이리저리 바꿀 수 있게 했기 때문에 '잰스키의 회전목마'라고 불리게 되었다. 이는 최초의 전파 망원경이다. 잰스키는 1년간 펜과 종이를 사용하는 아날로그 기록기로 대량의 데이터를 수집했다. 안테나에서 증폭된 신호에 따라 펜이 움직이면서 신호 강도의 높낮이를 기록하는 방식이었다.

잰스키가 가장 먼저 발견한 것은 하루에 한 번씩 왔다가 사라지는 강력한 신호였다. 처음에는 이것이 태양으로부터 오는 복사(물체로부터 열이나 전자기파가 사방으로 방출되는 것)라고 믿었다. 그러나 하루의 길이를 정하는 방법은 2가지다. 태양을 기준으로 지구가 자전하는 데 걸리는 시간인 '태양일'은 24시간이지만, 별을 기준으로 지구가 한 바퀴 도는 데 걸리는 시간인 '항성일'은 지구가 태양 주위를 계속 돌고 있기 때

▼ 칼 잰스키가 1932년에 만든 최초의 전파 망원경을 복원한 모습. 미국 웨스트버지니아주 그린뱅크의 국립 전파 천문학 관측소에 있다.

문에 태양일보다 4분 정도 짧다. 그런데 그 신호가 오는 타이밍은 태양이 하늘을 가로질러 안테나의 빔을 통과하는 주기가 아니라 23시간 56분의 항성일과 일치했다. 이렇게 해서 잰스키는 그 신호가 태양에서 오는 것일 가능성을 배제하고 태양계 바깥에서 온 것이라고 생각하게 되었다. 마침내 잰스키가 추론해 낸 신호의 발신지는 우리 은하의 중심에 있는 궁수자리 근처였다. 그때까지는 누구도 우주에서 전파가 방출된다는 사실을 증명하지 못했다. 궁수자리 A라고 명명된 이 전파원을 발견한 소식은 즉시 신문의 1면을 장식했다. 1933년 5월 5일 《뉴욕타임스》에 실린 기사의 제목은 "은하의 중심에서 온 것으로 밝혀진 새로운 전파"였다.

이것은 우주 복사의 관측을 기초로 우주를 연구하는 새로운 학문, 즉 전파 천문학의 시작을 알리는 사건이었다. 처음에는 이 분야를 이해하는 학자들이 드물었다. 그러나 아마추어 무선 전문가였던 그로트 레버는 관심이 높았다. 그는 1937년, 혼자서 9.7m짜리 파라볼라 안테나를 제작해 최초로 우주의 무선 주파수 지도를 만들었다. 잰스키와 레버의 도구들은 수작업으로 만들어 엉성했지만, 기본 원리를 기초로 기술이 점점 발전하면서 더욱 중대한 발견을 가능하게 했다. 수십 년 후 빅뱅 무렵 뜨거웠던 우주의 복사를 탐지한 것도 그 성과 중 하나다!

46

V-2 로켓

우주에 띄운 최초의 인공물

1942년

로켓을 성공적으로 발사하려면 많은 요소가 맞아떨어져야 한다. 그래서 과학자들은 로켓이 고장 없이 하늘로 떠오르는 모습을 보면 여전히 경이롭다고 말한다. 추락하거나 폭발하거나 발사에 실패하지 않고 이륙해 순조롭게 날아가는 모든 로켓은, 1940년대에 베르너 폰 브라운이 이끌던 독일 로켓 과학자들의 노력에 빚을 지고 있다. 그들이 V-2 로켓 프로그램에 참여해 발사대 위에서 연이은 실패와 폭발을 겪으면서도 연구를 계속한 덕분에, 액체 연료 로켓엔진의 공학적 문제들을 해결할 수 있었다.

1930년대 로버트 고다드가 액체 연료 추진 장치를 발명하기 전까지 로켓은 여전히 고체 연료를 사용하며, 수천 년 전 중국 발명가들이 만든 화약 폭죽 이상의 진보를 이루지 못하고 있었다. 그러나 독일의 과학자와 공학자, 강제 수용소 노동자 수천 명의 노력이 모든 것을 바꿔 놓았다. 이것은 역사상 가장 치명적인 전투 무기의 개발로 이어졌지만 동시에 우주 시대의 시작이기도 했다.

모든 것은 1942년 10월 3일, 폰 브라운과 팀원들이 독일의 북동쪽 끝에 있는 비밀 발사장에서 V-2 미사일을 우주로 약 90km까지 쏘아 올리면서 시작됐다. 이 로켓은 우주에 도달한 최초의 인공물로 알려져 있다. 그날 폰 브라운의 상관은 이렇게 선언했다.

"오늘 오후 우주선이 탄생했다."

나중에 과학자들은 우주가 시작되는 경계를 고도 100km의 카르만 선(Kármán Line)으로 더 명확하게 정의했다. 그리고 1944년 6월 20일, V-2 로켓은 이 선을 넘었다.

V-2는 우주 경쟁의 시대를 열었다. 제2차 세계대전에서 독일이 패배한 후 연합국들은 V-2 프로그램의 기술과 과학자들을 독점하기 위해 경쟁을 벌였다. 소련이 독자적으로 미사일을 개발하는 동안 미국은 폰 브라운을 데려와 대륙간 탄도 미사일 개발을 계속하도록 했다. 1950년 6월 24일, 미국에 온 V-2 기술자들은 2단 로켓 범퍼 8호를 우주로 보내는 데 성공했다. 이 로켓은 간단한 기온과 기압 측정 장치를 싣고 고도 16km까지 올라가서 총 257km를 비행하면서 지상의 물리학자들이 관측했던 우주선(Cosmic Ray)을 새롭게 발견했다. 하지만 1957년 소련이 스푸트니크 1호 발사에 성공하면서 군사·과학 분야의 로켓 연구로 우주 개발에서 우위를 점하며, 지정학적으로 유리한 입지를 되찾는 데 열중하는 결과를 낳았다.

◀ V-2 로켓엔진.

▶ 로켓 범퍼 8호의 발사 모습.

47

에니악

최초의 현대적 컴퓨터

1943년

전자 컴퓨터가 기계식 계산기를 대체할 수 있었던 것은 1904년, 영국의 발명가 존 플레밍이 만든 플레밍 밸브(Fleming Valve), 즉 진공관이 있었기에 가능했다. 진공관은 수 밀리초(1,000분의 1초) 내로 전류의 흐름을 켜고 끄는 빠른 스위치 역할을 했다. 이 기능은 2진법 코딩으로 정보를 저장하고 처리하는 모든 컴퓨터의 핵심이기도 하다. 진공관을 사용한 최초의 전자식 컴퓨터는 1937~1942년에 걸쳐 아이오와 주립대학의 물리학자 존 아타나소프와 대학원생 클리퍼드 베리가 만들었다.

1943년에는 펜실베이니아 대학에서 메모리, 프로그램 저장 영역, 실행 모듈을 갖춘 최초의 현대식 컴퓨터가 만들어졌다. 이것은 전자식 숫자 적분 및 계산기(Electronic Numerical Integrator and Calculator), 줄여서 에니악(ENIAC)이라고 불렸으며, 제2차 세계대전이 끝난 후인 1946년에는 "거대한 뇌(Giant Brain)"라는 별명을 얻었다. 이 컴퓨터는 인간이 하면 20시간 이상 걸리는 복잡한 미사일 탄도 계산을 30초 안에 해냈다. 1956년, 수명이 다할 무렵에는 진공관 수가 2만 개가 넘고, 납땜 된 부분이 500만 군데에 달했으며 무게는 30톤이나 나갔다. 초기 컴퓨터의 진공관은 온도가 너무 높아서 때때로 벌레가 꼬였으며, 컴퓨터나 프로그램에서 '버그(Bug, 벌레)'가 발견된다는 말은 여기에서 유래되었다. 에니악이 전력을 너무 많이 소비해서 한 번 작동할 때마다 필라델피아

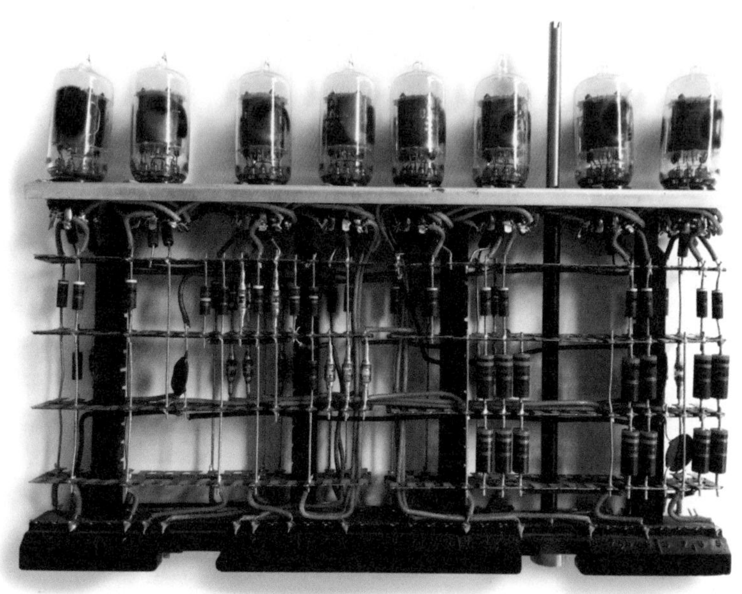

지역의 전등들이 희미해졌다는 이야기도 있다.

위 사진은 초기 진공관 컴퓨터의 대표적 부품인 진공관 8개짜리 논리 모듈이다. 관마다 전자를 생성하는 음극과 전자를 모아 전류를 만드는 양극이 있다. 그리고 그 사이에 있는 그리드 형태의 전선을 제어해 전류의 흐름을 허용(1로 표시)하거나 차단(0으로 표시)했는데 이것이 컴퓨터에서 사용된 2진법이다.

48

콜로서스 마크 2

프로그래밍 가능한 최초의 컴퓨터

1944년

제2차 세계대전 동안 영국의 암호 해독가들은 독일군의 로렌츠 암호 해독과 씨름하던 중 이 복잡한 암호에 숨겨진 텔레타이프(Teletype, 송신된 통신문을 숫자나 기호로 바꿔 수신기에 인쇄하는 것) 메시지를 해독할 방법을 찾아냈다. 당시 암호 해독 과정에 사용하던 전기 기계 장치는 필요한 만큼의 속도로 작동하지 못하는 일이 잦았는데, 이 문제를 개선하기 위해 투입된 영국 우체국 전산 연구소의 전기공학자 토미 플라워스는 기계의 부품을 톱니바퀴에서 진공관으로 교체하기로 결정했다. 플라워스가 처음 작동에 성공한 기계는 시제품 '마크 1'이었다. 1944년, 로렌츠 암호를 풀던 암호 해독가들은 이 기계에 '콜로서스(Colossus, 거인)'라는 별명을 붙였다. 1944년 6월 11일에는 마크 2의 작동이 개시됐다. 마크 2는 2,400개의 진공관, 광전지를 사용해 암호화된 데이터를 읽는 테이프 주행 장치, 그리고 어떤 해독 기능을 적용할지 프로그래밍하는 스위치로 구성돼 있었다. 이러한 특징 때문에 단지 한 가지 기능만 수행하기 위해 만들어진 기계가 아니라 프로그래밍이 가능했던 최초의 컴퓨터로 불린다.

콜로서스 프로젝트는 일급 기밀이었기 때문에 1970년대에야 그 존재가 알려졌다. 플라워스는 이 컴퓨터의 설계와 존재에 관한 모든 기록과 메모를 소각하라는 명령을 받았으며, 콜로서스 기계들은 아무 흔적도 남지 않도록 해체되고 '청소'되었다. 이 비밀이 마침내 밝혀진 것은

1974년의 일이었다. 그 후 1993~2007년 영국의 공학자 토니 세일이 이끈 연구자들이 다양한 출처와 정보를 참고해 마크 2를 복원했다. 이것은 현재 제2차 세계대전 중 암호를 해독했던 장소이기도 한 영국 블레츨리 파크의 국립 컴퓨터 박물관에 전시돼 있다.

마크 2의 속도는 5.8MHz로 오늘날 2,700MHz(2.7GHz)에 달하는 노트북 컴퓨터의 일반적인 속도보다 훨씬 느리다. 그러나 현대의 컴퓨터와 달리 마크 2에는 프로그램 저장 기능, 즉 RAM이 없었다. 천문학 분야의 계산에 혁명을 가져온 현대 슈퍼컴퓨터의 속도를 측정하는 단위는 초당 부동 소수점 연산 횟수(Floating Point Operations Per Second), 즉 플롭스(FLOPS)다. 이 단위로 측정하면 마크 2의 속도는 약 8플롭스였을 것이다. 2018년, 미국 에너지부가 오크리지 국립 연구소에서 개발한 '서밋(Summit)'과 같은 슈퍼컴퓨터의 속도는 20만조 플롭스(200페타플롭스)에 달한다.

컴퓨터는 현대 천문학의 토대다. 우주적 규모의 측정을 할 때는 정밀함이 핵심이기 때문이다. 콜로서스는 계산 능력과 성능 면에서 커다란 도약이었으며, 인류가 만들어 낸 첫 아날로그 컴퓨터(Analog Computer, 계산을 위한 컴퓨터)였다.

49

전파 간섭계

우주 관측 방식의 획기적인 발전

1946년

우주에서 온 전파를 감지한 지 얼마 지나지 않아, 그동안 단일 접시형 안테나를 사용하던 광학 천문학자들은 항성의 지름을 측정하는 데 사용하던 간섭계 방식을 도입해 혁명을 이뤘다. 영국의 천문학자 마틴 라일과 전기공학자 데릭 본버그가 여러 개의 전파 망원경을 결합해 분해능(망원경으로 물체를 뚜렷이 보는 렌즈의 능력)을 향상시키는 아이디어를 생각해 냈고, 그로부터 시작해 영국 케임브리지 외곽의 멀러드 전파 천문 관측소에 첫 전파 간섭계가 만들어졌다.

간섭계란, 2개의 서로 다른 망원경에서 전파 신호를 수신한 후 두 신호의 위상을 일치시켜 합성하는 것이다. 즉, 빛의 간섭현상(2개의 파동이 만났을 때 새로운 파장이 만들어지는 것)을 이용해 관측하는 것을 말한다. 그렇게 하면 두 망원경 사이의 거리와 동일한 구경의 망원경과 같은 수준의 성능을 얻을 수 있다. 거울과 마찬가지로 전파 망원경도 지름이 클수록 관측 대상의 특징들을 더 많이 식별할 수 있다. 초기 전파 망원경의 분해각은 보름달의 각지름(0.5도) 정도에 불과했다. 또한 전파는 전자기 스펙트럼에서 파장이 가장 길어서 보통 몇 센티미터, 때로는 몇 미터나 몇 킬로미터에 달하기 때문에 대단히 큰 구경이 필요했다. 간섭계를 이용하면 2개의 전파 망원경을 1.5km 이상의 거리를 두고 배치해 광학 현미경 사진에 가까운 해상도를 얻을 수 있었다. 1950~1960년대에는 영국과 오스트레일리아에 이런 간섭계가 많이 만들어졌다. 1972년에는 뉴멕시코 주 소코로에 27개의 접시 안테나로 이루어진 장기선 간섭계(Very Large Array)가 만들어지기 시작해서 1980년에 완공되었다. 이 간섭계는 항성 형성 영역, 퀘이사, 전파 은하 등의 이미지를 0.2~0.04각초의 고해상도로 꾸준히 제공했는데, 이는 일반적인 광학 현미경보다 훨씬 높은 해상도였다. 이로써 수많은 천체를 단독으로 식별하고 전파원의 지도를 만들 수 있게 되었다.

현재는 칠레 북부의 아타카마 사막에 있는 '아타카마 대형 밀리미터 집합체' 같은 간섭계로 1mm 이하의 파장까지 관측할 수 있다. 이 간섭계는 항성 주위에 원반 형태로 존재하는 기체와 먼지들 속에서 행성이 형성되는 과정을 연구하는 데 사용되고 있다.

전파 간섭계의 규모에는 기술적인 한계가 없다. 1970년대에는 영국과 미국의 망원경들을 사용해 대서양을 가로지르며 수천 킬로미터에 걸쳐 이어지는 초장기선 전파 간섭계(Very Long Baseline Interferometry) 기술이 개발되었다. 전파 신호를 원자시계의 시간 신호와 함께 아날로그 비디오테이프에 기록한 후 이 테이프들을 합쳐서 재생해 그 안에 담긴 정보를 상관 처리하고 위상 차이를 보정하는 방식이다. 그 결과 수백만 분의 1각초의 분해능을 가진 전파 망원경이 되었다. 만약 이 책을 달에 갖다 놓더라도 글자를 읽을 수 있을 정도의 수준이다.

◀ 항성 '황소자리 HL' 주변의 행성 형성 원반.

50

열 차폐막

지구로의 안전한 귀환

1948년

인간을 우주로 보낸 일은 의심의 여지 없이 우주탐사 역사 최대의 성과 중 하나였지만 그와 반대 방향의 여정, 즉 지구로의 안전한 귀환은 기술적으로 훨씬 더 어려운 일이다. 우주 계획에 있어서 우주선이 시속 3만km 이상의 속도로 대기권을 통과하는 재진입 과정보다 더 위험한 단계는 없다고 해도 무방할 것이다. 이때 우주선의 노출된 표면은 약 1,500℃의 온도를 견뎌야 하는데 이것은 안전 및 구조상의 한계를 훨씬 뛰어넘는 수준이다.

이러한 열에 대처하는 방법은 기본적으로 두 가지, 즉 삭마성 열 차폐막 또는 히트싱크(Heat Sink)다. 열 차폐막은 녹는점까지 가열되면 마모돼 없어지거나(삭마, 削磨) 불타서 떨어져 나가면서 우주선의 열에너지도 함께 방출되게 만든 보호막이다. 이것은 1948~1950년 무인 2단 로켓 여러 대를 발사했던 범퍼 프로그램에서 처음 사용됐다. 이 로켓들의 노즈콘(Nose Cone, 원뿔 형태로 된 미사일·로켓 등의 맨 앞부분)은 원자탄, 프라이팬, 고어텍스에 공통적으로 연관되는 고분자물질 테플론으로 덮여 있는데, 마하 9의 속도에서 온도가 1,000℃ 이상으로 올라가자 녹아 없어져 버렸다.

테플론이 열을 효과적으로 방출하더라도 유인 비행에는 더 높은 기준이 필요했다. 인간이 살아남으려면 온도가 더 낮아야 했기 때문이다. 과학자들은 미국의 첫 유인 우주비행 프로그램인 머큐리 계획을 위해

섬유 유리와 알루미늄의 층으로 이루어진 열 차폐막과 캡슐 내부의 냉각 시스템을 결합해 온도가 30~35℃ 정도로 유지되게 만들었다. 여전히 뜨겁기는 하지만 그래도 생존 가능한 온도다!

제미니 계획과 아폴로 계획에서도 이와 비슷한 삭마성 열 차폐막이 사용되었다. 하지만 우주왕복선 궤도선은 특유의 공기역학적 형태 때문에 재진입 각도가 달라져서 어마어마한 마찰열이 발생하기 때문에 다른 해결책이 필요했다. 여기에 두 번째 방법인 히트싱크가 사용됐다. 히트싱크는 초고온의 열을 흡수한 다음 적외선 복사의 형태로 방출하는 소재를 의미한다. 왕복선의 노출된 표면은 이산화규소 타일로, 날개의 앞부분은 탄소 섬유 직물로 덮었는데 모두 재진입 시에도 녹지 않고 버틸 수 있는 물질들이다. 이 물질들은 열에너지를 효율적으로 우주로 복사할 뿐 아니라 열전도성도 낮다. 즉, 왕복선의 표면과 맞닿는 아래쪽 온도는 아주 낮게 유지된다는 뜻이다. 왕복선의 온도를 충분히 낮추기 위해서는 약 2만 개의 이산화규소 타일이 필요하다.

◀ 우주왕복선 궤도선을 덮고 있는 2만 개 이상의 이산화규소 타일. 밀도가 낮아서 쉽게 파괴되기 때문에 매 비행이 끝난 후 수백 개씩 교체해야 한다.

▶ 1962년 5월 24일에 발사된 머큐리 우주선 '오로라 7호'의 삭마성 열 차폐막 파편.

▲ 트래딕 컴퓨터.

◀ 아폴로 우주선 유도 컴퓨터의 집적회로.

51

집적회로

우주탐사를 위한 연산력의 토대

1949년

1950년대 이전까지 라디오나 컴퓨터 같은 전자 기기들은 무겁고 부피가 큰 본체와 그 안에 든 진공관으로 동력을 얻었다. 그 당시 실시간으로 발사 궤도를 계산할 수 있는 최신식 컴퓨터 역시 수천 개의 진공관으로 이루어져 있어서 그 무게가 수 톤에 달했으며, 환기가 되는 넓은 방을 꽉 채운 거대한 설비였다. 이는 우주탐사의 중대한 걸림돌이었다. 우주여행 비용에서 가장 큰 비중을 차지하는 것은 궤도에 올릴 화물의 무게당 가격이기 때문이다. 화학 연료 로켓의 경우 이 비용은 20세기의 대부분 동안 1만 달러 수준을 맴돌았다. 인간을 우주에 보내는 것이 목표라면 비행용 컴퓨터 때문에 발사 예산이 부족해질 수밖에 없었다. 그러나 다행히 1950년대 후반에 전자공학의 발전이 우주 계획보다 앞서 일어났다.

비용 문제로 교체가 가장 시급한 부품은 진공관이었다. 이것은 1947년, 미국의 물리학자 존 바딘, 월터 브래튼, 윌리엄 쇼클리가 발명한 트랜지스터가 해결해 주었다. 트랜지스터는 반도체라는 물질의 성질을 이용한 독창적인 기술이었다. 트랜지스터도 진공관과 마찬가지로 스위치 기능을 하지만 전력 소모가 훨씬 적고 작동 내내 낮은 온도가 유지된다. 더 중요한 것은 작동(1)과 정지(0) 사이를 마이크로초 단위로 오갈 수 있다는 것이다. 최초의 트랜지스터 기반 컴퓨터는 1954년, 미국 공군을 위해 벨 연구소의 전기공학자 진 하워드 펠커가 만든 트래

딕(TRADIC)이었다. 이를 시작으로 가볍고 빠른 컴퓨터들이 만들어져서 NASA의 우주 계획인 제미니와 아폴로, 그 밖의 여러 위성 시스템에서 사용할 수 있었다.

초기의 전기 회로 설계는 섀시(Chassis)라고 불리는 배선이 된 회로 기판에 개별 부품들을 이것저것 납땜하는 방식이었다. 하지만 새로운 전기 회로 제작 방식이 빠르게 발전했다. 먼저 1930~1940년대에는 명함 크기의 플라스틱 기판 위에서 구리를 식각(蝕刻, 화학적인 부식 작용을 이용한 가공법)해, 패턴을 그려 넣는 인쇄 회로 기판이 등장했다. 그리고 1949년에는 독일의 공학자 베르너 야코비가 집적회로(두 개 이상의 회로 소자가 기판 내에 서로 분리될 수 없도록 결합한 전자 회로)라고 불리는 완전히 새로운 기술의 특허를 냈다. 이 기술은 1950년대 초에 몇 번의 개선과 혁신을 거쳐, 1957년 미국의 공학자 진 호에르니가 단일 실리콘 칩 위에 층층이 증착하는 방식으로 부품을 조립하는 방식인 '평면 공정(Planar Process)'으로 발전했다. 석판 인쇄 기술을 사용하면 트랜지스터, 저항기 등 각종 소자를 거의 무한히 작게 만들 수 있었다. 이러한 발전 끝에 1961년에는 반도체 회사 페어차일드가 상업적으로 사용 가능한 최초의 집적회로인 '마이크로 논리 게이트 900시리즈'를 생산하게 되었다.

IC라고도 불리는 집적회로가 민간과 군의 우주 계획에 미친 영향은 지금도 이어지고 있다. 이제 지름 몇 센티미터의 마이크로 칩 위에 수십억 개의 부품을 채울 수 있다. 연산 시간은 더 빨라지고 제작 비용과 무게도 감소했다.

52

원자시계

시간을 이용해 우주를 측정하다

1949년

정확한 시계는 천문학자들에게 언제나 필수적인 도구다. 사실 수 세기 동안 항해사, 종교 기관, 정부는 "지금은 몇 시인가?"라는 간단한 질문에 대한 해답을 얻기 위해 천문학자들에게 의지해 왔다. 배 위의 항해사들은 시간을 알아야 해당 위치의 경도를 알 수 있었다. 종교 기관은 특정한 행사, 의식, 축일이 시작되는 때를 정확히 알아야 했다. 정부는 철저한 정밀성이 요구되는 군사 교전을 위해서뿐만 아니라 국가가 공식적으로 사용할 역법을 채택하기 위해서도 정확한 시간을 알아야 했다. 오랫동안 이러한 질문에 대한 해답을 주는 것은 추로 움직이는 복잡한 태엽 장치나 끊임없이 전기를 공급해야 하는 모터였다. 하지만 이 장치들의 정확성은 다양한 기계 부품 사이의 마찰력 손실 정도에 따라 크게 달라졌다. 1928년, 벨 연구소의 J. 호튼과 W. 매리슨이 개발한 쿼츠 시계의 오차는 6년간 2ppm 정도였다. 이것은 6일에 1초 정도 빨라지거나 느려질 수 있다는 뜻이다. 별것 아닌 것처럼 들릴지도 모르지만 초정밀성이 요구되는 천문학의 세계에서 1초의 오차는 대단히 큰 문제다.

이제 원자시계가 등장할 차례다. 1949년에 개발이 시작된 원자시계는 기발한 방식을 사용해 정확하게 시간을 맞춘다. 세슘-133 같은 원자는 초당 9,192,631,770회의 진동수로 양자전이(원자, 분자 등이 한 에너지 상태에서 다른 에너지 상태로 바뀌는 것)를 한다. 이 진동수와 정확히 일치하는 마이크로파 신호로 세슘-133 원자를 자극하면 검출기가 들뜬상태(양자론에서, 원자나 분자에 있는 전자가 바닥상태에 있다가 외부의 자극에 의해 좀 더 높은 에너지로 이동한 상태)의 원자들을 전류로 변환시킨다. 이것을 또 다른 전자 시스템이 9,192,631,770으로 나누어 정확히 1초에 한 번씩 펄스를 생성한다. 세슘 원자를 세심하게 준비하면 이 펄스의 정확도를 1년에 300억분의 1초 오차까지 높일 수 있다. 달리 말해 3,000만 년에 1초 어긋난다는 뜻이다.

시계의 정확도가 극도로 높아지면서 우주 연구에도 획기적인 변화가 찾아왔다. 우리는 빛의 속도를 알기 때문에 빛과 같은 속도로 이동하는 전파가 어떤 지점에서 다른 지점으로(예를 들면 머나먼 별이나 궤도를 돌고 있는 위성에서 우리가 있는 지구로) 도달하는 데 걸리는 시간을 정밀하게 측정하면 두 지점 사이의 정확한 거리를 알 수 있다. 이것은 우주선을 운행하고 우주의 모습을 파악하게 해 주는 열쇠이기도 하다. 극도로 정확한 시계는 더 깊이 우주를 들여다볼 수 있게 해 준다. 천문학자들이 전 세계 8개의 망원경을 동시에 사용함으로써 성능을 증대시켜 역사적인 블랙홀의 이미지를 얻는 데 성공한 것도 그 덕분이었다.

시계는 점점 더 정확해지고 있다. 2013년, 미국 국립 표준기술 연구소의 물리학자 앤드루 러들로와 팀원들은 2ppq의 정확도를 가진 이터븀(원자번호 70번의 원소) 광격자 원자시계를 공개했다. 이것은 우주가 탄생한 후 지금까지 흐른 시간인 140억 년 동안 발생하는 오차가 1초도 안 되는 정확도를 뜻한다.

▶ 최초의 원자시계.

NATIONAL BUREAU OF STANDARDS

53

우주의 고정 장치

숨겨진 영웅들

1950년

로켓과 그 안에 실리는 화물은 단순히 각종 패널과 가공한 금속들을 한데 모아 놓기만 한 것이 아니다. 그 안을 들여다보면 우주탐사 분야의 숨겨진 영웅들을 만날 수 있다. 바로 모든 것을 연결해 주는 너트와 볼트들이다. 물론 주변의 철물점에서 흔하게 살 수 있는 제품과는 다른, 우주에 적합한 품질을 갖춘 것들이다.

우주의 진공 상태에서, 그리고 절대 영도에 가까운 저온과 150℃가 넘는 고온 사이를 오가는 급격한 온도 변화 속에서 금속은 수없이 휘어지거나 수축·확장을 반복한다. 나사나 볼트와 같은 고정 장치들이 이러한 변형을 겪다 보면 균열이 생기고 결국 연결된 부품들이 끊어질 수 있다. 또한 아무리 단단히 조여진 볼트라도 발사 과정의 진동 같은 변수 때문에 풀어질 가능성이 있다. 이러한 문제를 해결하기 위해 지난 수십 년간 가구나 자동차를 조립할 때 쓰는 것보다 훨씬 더 효율적이고 튼튼한 고정 장치들이 개발돼 왔다. 이러한 진보의 대부분은 항공우주 분야 금속공학의 급격한 발달과 과거에는 존재하지 않았던 신소재의 개발 덕분이다.

우주선과 로켓에 가장 많이 쓰이는 고정 장치는 티타늄, 스테인리스 스틸, 혹은 인코넬처럼 니켈과 크롬을 혼합한 초합금 소재로 이루어

◀ 제미니 6호는 티타늄 패널들을 연결하는 수많은 볼트로 이루어져 있다.

진다. 이 물질들은 인장강도(물체가 잡아당기는 힘에 견디는 것), 무게, 내식성(부식이나 침식을 잘 견디는 성질) 면에서 각각 강점을 지니고 있어서 고온의 로켓엔진에 쓰이기도 하고 실험용 패키지를 조립하는 데 쓰이기도 한다. 신형 '스마트볼트(SmartBolts)'에는 변형 측정기까지 내장되어 있어 설치하는 동안 얼마나 큰 힘을 받고 있는지를 색깔 변화로 알려준다.

앞으로도 변하지 않을 한 가지가 있다면 인류가 우주의 어느 곳을 탐사하든 언제나 너트가 함께할 것이라는 사실이다! 이러한 고정 장치들이야말로 숨겨진 영웅 아닐까?

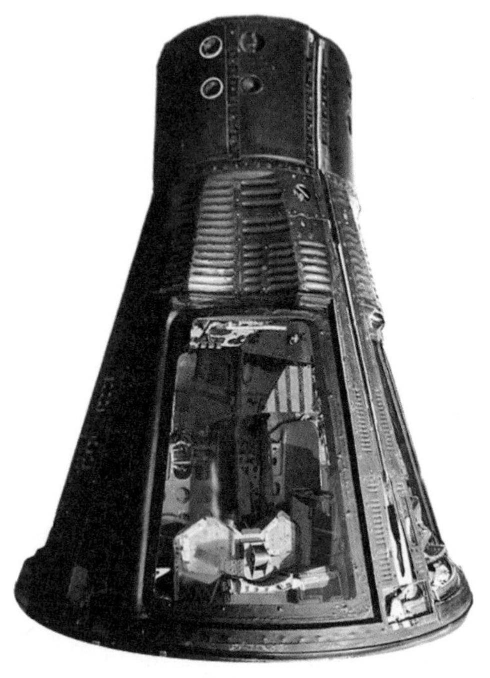

◀ 제미니 6호.

54

수소선 전파 망원경

성간 물질의 탐구

1951년

1904년, 독일의 천문학자 요하네스 하르트만은 항성인 오리온자리 델타의 스펙트럼 안에서 칼슘 원소의 흡수선을 발견하고(칼슘이 가진 고유한 파장의 빛이 흡수되었다는 뜻이다) 이것을 우주 공간에 칼슘이 포함된 기체 구름이 있다는 증거로 해석했다. 그의 생각은 옳았다. 전파 천문학이 발달하던 1940년대에 네덜란드의 천문학자 헨드릭 판 더 휠스트는 하늘에서 감지되는 전파 잡음의 일부가 성간 수소 기체로부터 주파수 1,420MHz, 파장 21cm로 방출되는 전파일 수도 있다고 주장했다. 1951년 3월 25일, 하버드 대학교의 물리학자 해럴드 유언과 에드워드 퍼셀은 자신들이 만든 안테나와 수신기를 연구실 창문 밖을 향하도록 설치해 이 21cm 파장의 신호를 처음으로 검출하는 데 성공했다.

이들이 사용한 전파 망원경은 레이더 장비에서 흔히 볼 수 있는 나팔 모양의 간단한 장치였다. 21cm 파장의 약한 방사선을 수집하기 위해 하늘 쪽으로 향해 놓았던 것이, 바라던 이상의 효과를 발휘해 은하를 따라 하늘을 가로지르는 강한 신호를 포착할 수 있었다. 그러나 여전히 극복해야 할 기술적인 문제가 많았다. 비가 오면 나팔 안에 찬 물을 빼내야 했다. 또한 이 주파수에서는 어마어마한 배경 잡음이 발생했기 때문에 해럴드 유언은 21cm 선의 신호에서 주변의 주파수들을 빼는 주파수 전환 기술을 개발했다. 이렇게 하자 약한 신호를 포착하기가 훨씬 쉬워졌다.

1954년에 판 더 휠스트, C. A. 뮐러르, 얀 오르트, 그리고 1957년에 C. A. 뮐러르, 하르트 베스테르하우트와 같은 천문학자들이 우리 은하의 첫 수소 지도를 완성했다. 이 지도들과 해상도가 더 높은 또 다른 지도들을 사용해 은하의 나선 팔 구조, 내부에서 별들이 생성되는 거대한 성간 수소 구름의 복잡한 패턴을 밝혀냄으로써 우리 은하의 구조를 파악할 수 있었다. 오늘날의 천문학자들은 수소선 연구를 통해 우주 진화의 암흑기를 탐구하며 우주의 나이가 겨우 1억 년 정도일 때 생성된 최초의 별들을 찾고 있다!

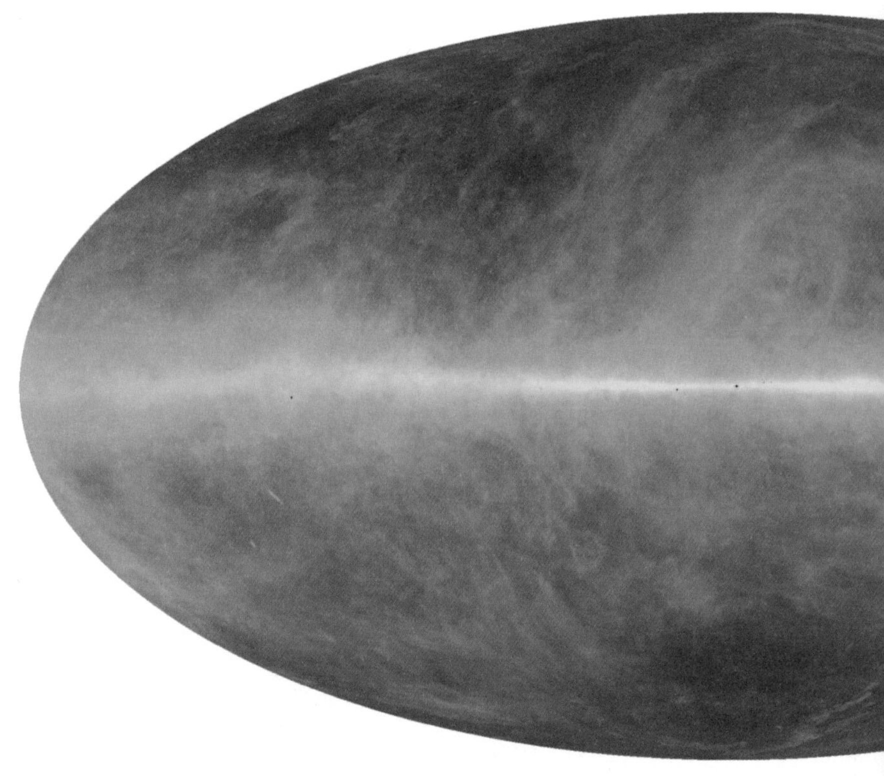

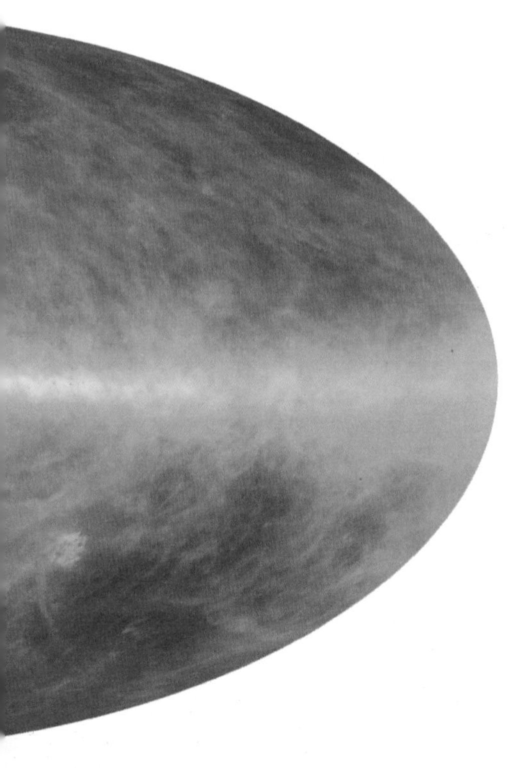

▲ 1951년, 하버드 대학교 라이먼 연구소에 설치된 나팔형 안테나에 은하의 중성 수소가 방출하는 21cm 파가 최초로 감지되었다.

◀ 이 전천(하늘 전체) 수소 지도는 독일에 있는 지름 100m의 에펠스베르크 전파 망원경과 오스트레일리아에 있는 지름 64m의 CSIRO 전파 망원경으로 얻은 데이터를 사용해 만든 것이다.

55

엑스선 망원경

우주를 보는 새로운 창

1952년

은을 입힌 거울을 이용해 가시광선을 집중시키는 것은 상대적으로 쉽다. 하지만 다른 파장, 특히 파장이 짧은 엑스선에 대해서 이 방법은 전혀 통하지 않는다. 우주에 이런 짧은 파장의 전자기 방사선을 엄청난 양으로 방출하는 천체가 가득하다는 사실을 생각하면 이것은 결코 사소한 문제가 아니다. 엑스선은 어떤 표면에 정면으로 부딪치면 흡수되지만 2도 이하의 각도로 비스듬히 혹은 스치듯이 부딪치면 반사되게 만들 수 있다. 1952년, 독일의 물리학자 한스 볼터는 3가지 형태의 스침 입사(Grazing-Incidence, 하나의 매개물 속을 지나가는 소리나 빛의 파동이 다른 매개물의 경계 면에 스치는 일) 광학계를 개발했다. 이것은 오늘날에도 엑스선 에너지를 사용한 첨단 시스템의 주축을 이룬다.

1972년에 NASA와 영국이 합작해 발사한 엑스선 위성 코페르니쿠스(OAO-3)는 최초로 우주에서 스침 입사 시스템을 사용했다. 엑스선 검출기는 영국의 물리학자 로버트 보이드의 항성 엑스선 실험을 위해, 유니버시티 칼리지 런던 대학교의 멀러드 우주과학 연구소에서 제작한 것이었다. 집광 면적이 각각 13㎠ 이하인 2대의 엑스선 망원경이 있고, 거울의 초점부에는 엑스선 광자수 측정기가 설치돼 있었다. 이러한 시스템으로 항성과 그 밖의 알려진 광원으로부터 오는 파장 1~70옹스

◀ 찬드라 엑스선 관측선의 반사경.

트롬(길이의 단위, Å라고도 쓴다. 1Å는 100억 분의 1미터 또는 0.1나노미터와 같다)의 엑스선을 감지할 수 있었다. 그리고 이렇게 해서 8년 동안 얻은 데이터 덕분에 일부 광원에서 오는 엑스선의 가변성을 상세하게 연구할 수 있었다.

1978년, NASA가 발사한 아인슈타인 관측선(HEAO-B)에서는 4개의 볼터식 스침 입사 반사경을 겹쳐서 각초 단위의 분해능으로 광학 천문대 수준의 천체 이미지를 얻어 냈다. 이 관측선은 엑스선을 흐릿한 점의 형태로 보는 것을 넘어 수천 개의 점광원(크기와 형태가 없이 하나의 점으로 보이는 광원)을 세세하게 구분해 관측할 수 있었다.

엑스선 광학계와 한스 볼터의 설계는 오늘날까지도 주요 엑스선 촬영 시스템에 적용되고 있다. 1999년에 발사된 찬드라 엑스선 관측선, 2012년에 발사된 NuSTAR(Nuclear Spectroscopic Telescope Array, 핵 분광 망원경 집합체)가 그 예다. 1952년에 개발된 이 기술은 오늘날 우주 탐사의 최첨단에서 블랙홀 물리학, 암흑 물질 연구, 고에너지 우주탐사 분야의 놀라운 발견들을 이끌어 냈다.

◀ OAO-3의 엑스선 반사경.

56

수소 폭탄

별빛 뒤에 숨겨진 파괴적인 힘

1952년

1920년대, 영국의 천문학자 아서 스탠리 에딩턴은 자신의 논문《항성의 내부 구조(The Internal Constitution of the Stars)》에서 태양을 비롯한 항성들의 중심부에서 일어나는 양성자의 융합으로, 항성이 중력 붕괴에 맞서 안정적인 상태를 유지할 수 있게 해 주는 지속적인 에너지가 발생한다고 주장했다. 알베르트 아인슈타인의 유명한 공식 $E=mc^2$의 첫 번째 증거가 될 에너지원이었다. 양성자들이 상호 간에 작용하는 정전기적 반발력을 극복할 만한 에너지를 얻으려면 태양의 내부 온도는 수천만 ℃에 달해야 했다.

네 개의 양성자가 융합해서 하나의 헬륨 핵을 만들 때는 태양의 광도를 유지하기에 충분한 만큼의 질량이 에너지로 변환된다. 따라서 잠재돼 있는 융합 에너지를 방출시키기만 하면 되는 것처럼 보였다. 수학적으로는 간단했다. 양성자의 질량은 1.6726×10^{-24}g이고, 중성자의 질량은 1.675×10^{-24}g이다. 2개의 양성자와 2개의 중성자를 더하면 총 질량은 6.696×10^{-24}g이다. 그런데 실제 헬륨 핵의 질량은 6.646×10^{-24}g이다. 여기에서 발생하는 0.05×10^{-24}g의 차이는 헬륨 핵의 결합 에너지에 해당하며 $E=mc^2$에 따라 계산하면 한 번 융합할 때마다 0.000045erg의 에너지를 방출한다. 태양이 계속 빛나려면 매초 약 400만 톤의 질량이 에너지로 전환되어야 한다.

그런데 한 가지 중요한 문제가 있었다. 헬륨 핵은 2개의 양성자와

2개의 중성자로 이루어진다. 어떻게 4개의 양성자 중 2개가 중성자가 될 수 있을까? 이러한 의문은 미국의 물리학자 한스 베테가 양성자가 중성자로 바뀔 수 있다는 사실을 증명함으로써 해결했다. 또한 1,500만 ℃인 태양의 핵보다 훨씬 낮은 온도에서도 '터널링(Tunneling)'이라고 불리는 양자 역학적 과정을 통해 그러한 반응이 일어날 수 있다는 사실도 밝혀졌다. 그 결과 수소는 '양성자-양성자 주기'라고 이름 붙여진 단계를 거치며 소진된다. 이 주기가 태양을 비롯해 그와 비슷한 질량을 가진 항성들의 주요 에너지원이 된다.

양성자-양성자 주기는 천체에만 적용되지만 1952년 마셜 제도에서 처음 발사된 수소 핵융합 폭탄은 단 몇 그램밖에 안 되는 수소가 에너

▲ 역사상 가장 강력한 핵무기였던 소련의 수소 폭탄 '차르 봄바'의 모형.

▶ 1952년 11월 1일, 태평양 중서부에 있는 섬나라 마셜 제도의 엘루겔라브 섬을 통째로 날려 버린 미국의 첫 수소 폭탄 실험.

지로 전환될 때의 파괴력을 보여 주었다. 이제 과학자들은 잠재적인 청정 에너지원의 하나로서 원자핵 융합 반응을 연구하고 있으며, 정부의 지원을 받아 인공적으로 핵융합 반응을 일으키기 위해 노력하고 있다.

우리는 우주에서 사용하기 위해 개발된 기술이 시간이 흐르면서 일상에 스며든 과정을 알고 있다. 수소 폭탄은 그러한 과정의 또 다른 형태다. 이미 우주에, 우리의 태양에 존재하고 있던 자연적인 '기술'을 지구상에서 사용할 수 있는 형태로 바꾼 것이다. 이것은 인류가 우주에 존재하는 거대한 힘을 연구함으로써 배운 것들을 응용하는 방식이 경이로우면서도 대단히 위험하다는 사실을 보여 주는 증거다.

57

방사성 동위원소 열전기 발전기

태양이 비치지 않는 곳에서 전기를 얻는 법

1954년

목성의 궤도를 넘어서면 태양 빛이 너무 희미해져서 태양전지가 제대로 작동하지 않는다. 다행히 1958년, NASA의 첫 우주선 파이어니어 1호가 우주로 날아가기 전에 이미 이 문제에 대한 해결책을 마련했다. 1954년, 미국 오하이오의 원자력 위원회 마운드 연구소에서 일하던 켄 조던과 존 버든은 방사성 원소인 폴로늄-210의 샘플을 열전대와 결합해 최초의 방사성 동위원소 열전기 발전기(RTG, Radioisotope Thermoelectric Generator)를 개발했다. 열전대는 서로 다른 두 가지 금속을 연결해 접합 부위를 가열해서 전류를 일으키게 하는 장치이고, 동위원소 폴로늄-210은 원자가 붕괴할 때 열을 발생시킨다. 이 두 가지를 결합하자 1g당 140와트의 전기를 생산할 수 있었다. 그러나 폴로늄-210의 반감기는 138일밖에 되지 않았으므로 그 시기가 지나면 전력도 절반으로 줄어들었다.

우주에서 처음으로 RTG를 사용한 것은 1961년에 미국 해군이 성공적으로 발사한 위성 트랜짓 4A였다. 출력은 2.7와트로 크지 않았지만 대신 거대한 태양전지판을 사용할 필요가 없었다. 평화로운 목적으로 원자력을 사용하기 위한 시작이었지만 1964년, RTG로 전력을 공급받는 위성이 궤도에 오르는 데 실패하면서 약 0.9kg의 플루토늄-238 연료가 남반구의 대기 중에 방출되는 사고가 발생했다. 10년 후 캘리포니아 대학교의 교수 존 고프먼은 이때 대기 중에 방출된 플루토늄과 전 세계적인 폐암 발생률 증가의 연관성을 주장했다. 이 사고 이후 NASA는 위성의 전력 공급을 플루토늄 기반 RTG에만 의존하지 않고 본격적으로 태양전지판을 개발하게 되었다. 소련이 만든 RORSAT 시리즈 위성과는 다른 선택이었다.

그럼에도 불구하고 RTG는 화성과 외측 태양계 탐사, 아폴로 계획의 달 실험에서 매우 중요한 역할을 했다. NASA에서 가장 성공적이었던 RTG 모델은 1970년대의 파이어니어 10호와 11호, 바이킹 1호와 2호에 사용된 SNAP-19였다. 아폴로 계획에서는 SNAP-27이 달 표면에서 이루어진 과학 실험에 전력을 공급했다. 갈릴레오, 카시니, 보이저 1호와 2호, 율리시스, 뉴호라이즌스처럼 태양 빛이 부족한 우주를 탐사하는 우주선에서는 모두 RTG를 사용했다. 대부분의 RTG는 반감기가 88년인 플루토늄-238을 사용한다. 발사한 지 40년이 넘은 보이저 탐사선은 그 전력의 절반을 잃었지만, 여전히 목성 궤도 너머에서 몇 개의 장비를 작동할 수 있을 만큼의 전기를 생산하고 있다.

◀ 궤도를 돌고 있는 위성 트랜짓 4A를 그린 그림.

58

원자력 로켓엔진

더 빠르게 우주로

1955년

원자력 에너지를 우주선 내부에 필요한 전력 공급에 사용하는 방식은 자리를 잡았지만, 훨씬 더 큰 에너지가 필요한 로켓에 사용하는 것은 또 다른 문제였다. 로켓은 사실 간단한 장치다. 그저 엔진 노즐에서 최대한 큰 질량을 분사해 우주선을 반대 방향으로 빠르게 밀어 올리기만 하면 된다. 주어진 시간 동안 얼마나 많은 질량을 분사할 수 있느냐가 관건이다. 수천 년 동안 대량의 물질이 빠른 속도로 흐르게 만든 유일한 방법은 인공적으로 일으키는 화학적 연소(화약, 액체 연료)뿐이었다. 이 방법의 핵심은 배기 속도와 질량이다. 이 두 가지가 결합되면 화물이 지구의 중력을 벗어나거나 우주에서 운행하는 데 필요한 운동량과 빠른 속도를 얻을 수 있다. 하지만 그 외에도 로켓이 날아가게 만드는 다른 방법은 없을까? 원자력 에너지가 개발되어 있던 1950년대에 그 해답은 '있다'였다!

최초의 원자력 로켓엔진 시험은 1955~1972년 NASA와 미국 원자력 위원회가 진행한 로버 프로젝트의 일환으로 로스앨러모스 국립 연구소(LANL)에서 이루어졌다. 키위-B라는 이름의 이 핵열 로켓엔진은 1961년 12월에 가동되었다. 연료는 단순히 액체 수소를 작은 원자로에 통과시켜 2,000℃로 가열한 것이었다. 이렇게 해서 1,100메가와트의 열에너지와 25톤의 추력을 얻었다. 일반적인 화학 로켓엔진의 추력이 750톤이 넘는 것과 비교하면 지구상에서 날아오를 때 좋은 선택은 아니었지만, 중력이 낮은 우주에서는 진가를 발휘했다.

원자력 로켓엔진의 시험은 그 후에도 계속되었다. 1968년에는 원자력 엔진 피버스-2A가 12분간 최대 출력으로 가동하면서 무려 93만 뉴턴의 추력을 발생시켰다. 1년 후 NASA의 베르너 폰 브라운은 아폴로 계획이 끝난 후에 발사할 화성 탐사선용 원자력 엔진을 설계했다. 그러나 1973년 1월, 네르바(NERVA)라는 이름으로 알려진 이 원자력 로켓 프로그램에 대한 모든 지원이 종료되면서 그의 계획은 결실을 맺지 못했다. 원자력 로켓 프로그램 자체는 성공적이었지만 아폴로 계획의 취소 이후 정부의 우선순위가 우주왕복선과 우주정거장에 투자하는 쪽으로 급격하게 바뀌었기 때문이다.

◀ 가동 중인 피버스-2A의 원자로.

▶ 시험 준비 중인 키위-B의 노즐.

59

스푸트니크

몇 달 만에 끝난 소련의 승리

1957년

1957년 10월 4일에 일어난 사건은 전 세계를 충격에 빠뜨렸다. 소련이 아무 예고도 없이 무게 83kg, 지름 58cm의 인공위성 스푸트니크 1호를 발사해 궤도에 올린 것이다! 이 위성이 1와트 송신기로 98분에 한 번씩 보내는 신호를 지구상의 어떤 무선 수신기든 20메가사이클(오늘날의 메가헤르츠와 같은 단위)과 40메가사이클 근처의 주파수에서 들을 수 있었다. 이에 민간 과학 프로그램인 오퍼레이션 문워치에 참가한 아마추어 천문학자들은 150개가 넘는 무선국에서 스푸트니크가 희미한 별처럼 해 질 녘의 하늘을 가로지르기를 기다렸다. 미국 아마추어 무선 연맹의 통신사들은 뚜렷하게 들려오는 '삐-삐-삐' 소리를 듣기 위해 귀를 기울였다.

오늘날 이 사건은 미국과 소련 사이에 벌어진 치열한 우주 경쟁의 시작점으로 보인다. 하지만 사실상 드와이트 D. 아이젠하워 대통령은 U-2 정찰기를 통해 소련 측의 진행 상황을 알고 있었으면서도 무시했다는 증언이 있다. 소련도 처음에는 스푸트니크를 선전에 이용하지 않았다. 그러나 스푸트니크 1호의 발사, 그리고 1957년 12월 6일에 텔레비전으로 중계된 미국의 뱅가드 TV 3호의 발사 실패에 충격을 받은 미국 대중들의 반응은 아이젠하워의 상상을 뛰어넘었다. 1958년 1월

▶ 스푸트니크 1호의 복제품.

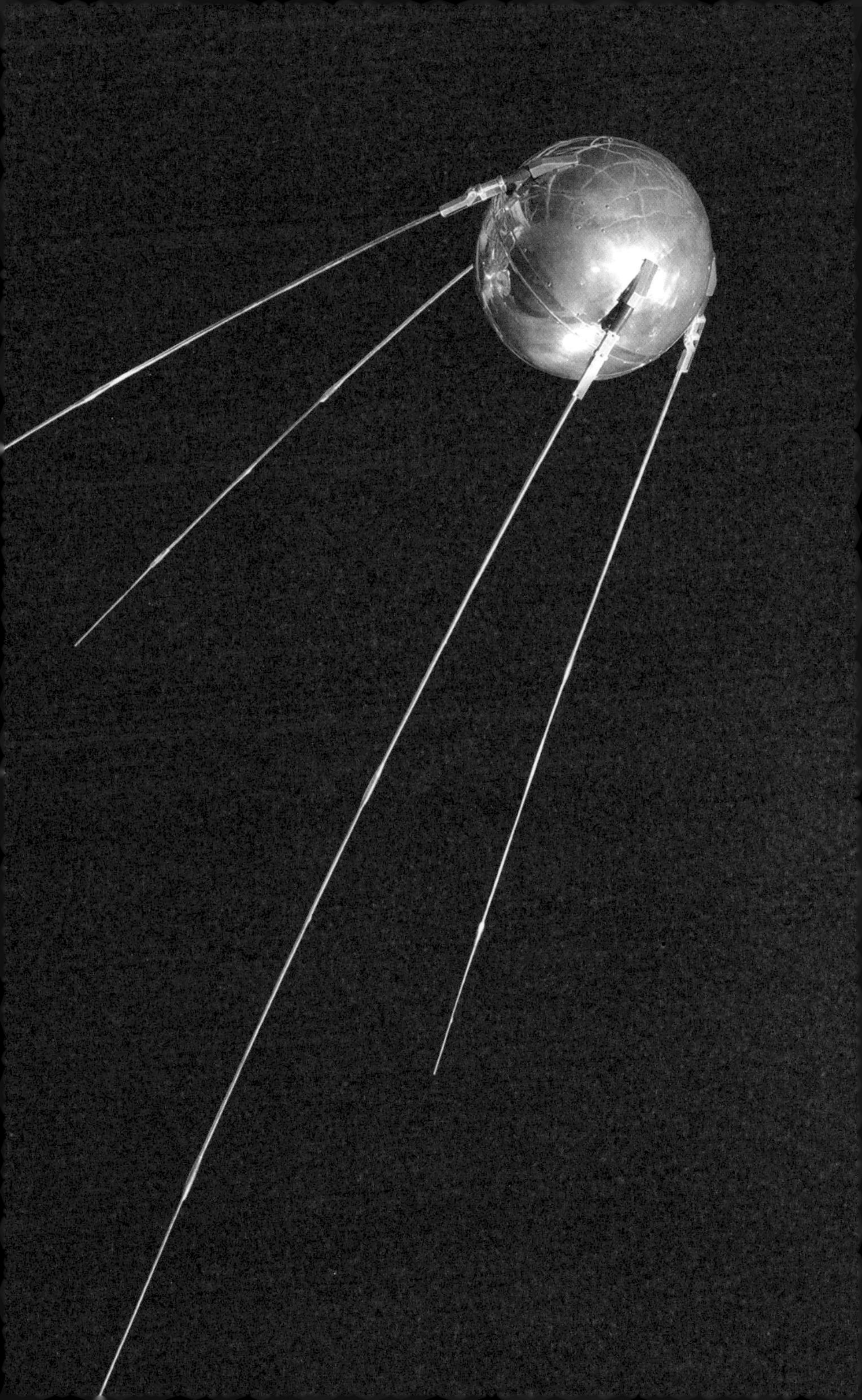

31일에 발사된 익스플로러 1호만이 유일하게 성공을 거둬 미국의 체면을 세워 주었다.

스푸트니크 1호의 발사 이후 우주 경쟁에 더 많은 지원이 이루어졌고, 이를 계기로 1958년에는 NASA와 고등 연구 계획국(나중에 방위 고등 연구 계획국으로 이름이 바뀌었다)이 신설되었다. 또한 교육과 과학 연구 분야에 대한 지원도 대폭 늘어났다.

스푸트니크 1호는 22일 만에 배터리가 바닥났고 그 후 71일간 궤도를 돌다가 1958년 1월 4일 대기권에서 불타 사라졌다. 짧은 생애 동안 이 위성이 상층 대기에서 받는 항력은 근지점(지구 둘레를 도는 위성이 지구와 가장 가까워지는 지점)에서의 궤도 속도 변화를 통해 측정할 수 있었다. 이것은 과학자들에게 최초로 상층 대기의 밀도와 고도에 따른 변화에 관한 귀중한 정보를 제공해 주었다. 또한 20메가사이클과 40메가사이클에서 무선 신호의 주파수 변화와 전파를 연구함으로써 상부 전리층(대기권 바깥쪽의 이온화된 층)에 관한 정보를 얻을 수 있었다.

60

뱅가드 1호

가장 오래된 우주 쓰레기

1958년

1958년 3월 17일, 뱅가드 1호는 궤도에 올라가는 데 성공한 4번째 인공위성이 되었다. 워싱턴 DC에 있는 미국 해군 연구소의 과학자와 공학자들이 만든 이 포도알 크기의 위성은 최초로 태양전지를 사용해 전기를 만들어 냈다. 초기의 위성들은 무척 실험적이었다. 뱅가드는 선구적인 형태의 위성들을 대표했다. 최적의 위성 형태에 관한 논란이 여전히 많던 시절이었다. 미국이 처음 발사에 성공한 위성 익스플로러 1호는 원통형이었다. 어떤 설계자들은 원뿔형을 선호했고 어떤 설계자들은 대기 중에서 일정한 항력을 받게 하려면 균일한 구 형태가 가장 좋다고 주장했다.

뱅가드 1호는 무엇보다 정치적으로도 큰 의미를 지녔다. 겨우 5개월 앞선 1957년 10월 4일에 소련이 스푸트니크 1호를 발사한 일은 미국인들에게 큰 충격을 안겨 주었고, 이것은 앞서 말한 우주 경쟁의 시작을 알리는 사건이었다. 미국은 1958년 1월 31일 익스플로러 1호를 성공적으로 발사함으로써 소련의 도전에 응답했다. 그리고 약 한 달 후 뱅가드 1호가 그 뒤를 따랐다. 스푸트니크 1호와 뱅가드 1호 사이에 미국은 몇 번의 실패를 겪었다(뱅가드 1A, 뱅가드 1B, 익스플로러 2호). 이것은 과학적으로 실패일 뿐 아니라 정치적인 수치이기도 했다. 위성을 발사하는 기관과 당시 국제적인 정세는 이러한 시도를 공산주의와 민주주의가 상대적인 힘을 겨루는 것으로 보았다.

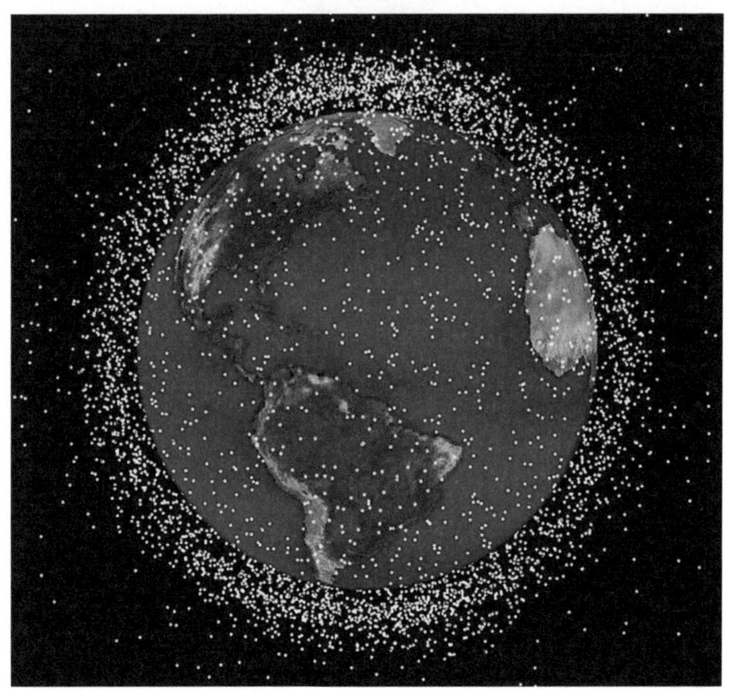

▲ 지구 주변을 구름처럼 둘러싼 쓰레기 파편들.

그러나 뱅가드 1호는 정치를 제쳐두고 그 공학·과학적 성과만으로도 주목할 만하다. 이 위성은 세계 최초의 태양광 발전 위성으로서 6개의 태양전지로 5밀리와트의 송신기에 전력을 공급해 6년 동안 지구 대기권 상부의 전자와 방사선에 관한 데이터를 송신했다. 과학자들은 뱅가드 1호의 궤도를 통해 지구가 북극 근처는 살짝 좁고, 남극 근처는 살짝 통통한 서양 배와 같은 형태라는 사실을 알게 됐다!

하지만 이 위성이 우주탐사의 역사에 가장 오래가는 흔적을 남기게 된 것은 근지점에서는 640km까지 내려가고 원지점에서는 약 4,000km까지 올라가서 한 바퀴 도는 데 두 시간 이상 걸리는 심한 타원형 궤도

▲ 뱅가드 1호.

때문이다. 이 때문에 뱅가드 1호는 대기의 항력을 매우 적게 받으며 그래서 200년 이상 우주 공간에 머물 수 있게 되었다. 2018년에 뱅가드 1호는 우주에서 가장 오래 살아남은 인공물이 되었으며 현재도 하늘에 떠 있는 수많은 우주 쓰레기 중 가장 오래된 것이다.

하지만 뱅가드가 50년 이상 우주 공간에 머물었던 덕분에 과학자들은 이 위성이 지구의 외기권과 접촉하면서 겪는 궤도 변화를 상세히 연구할 수 있었다. 그리고 이 정보를 통해 지구 대기의 형태와 밀도가 시간이 지나면서 어떻게 변하는지 더 자세히 알게 되었고 위성 신호의 송신, 더 나아가 기후 변화와 같은 문제들에 대한 통찰을 얻을 수 있었다.

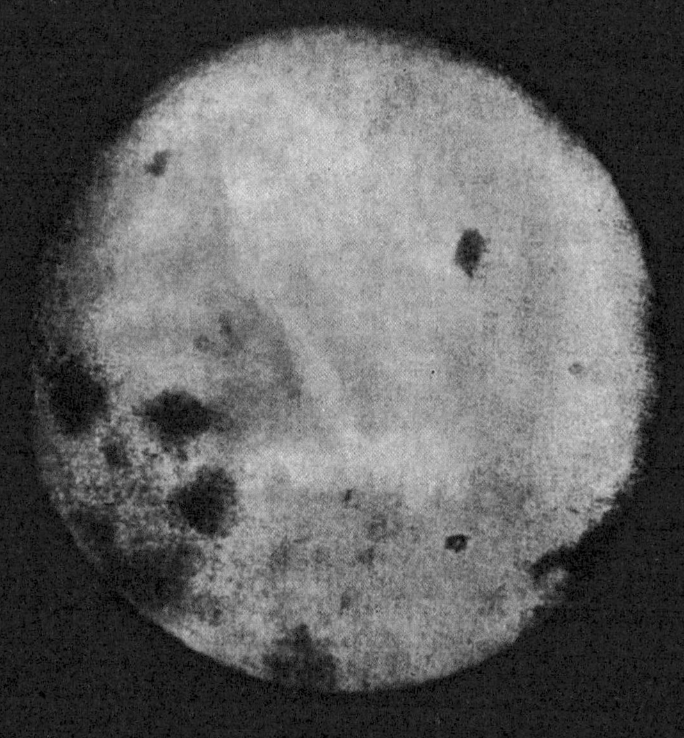

▲ 루나 3호가 찍은 달의 뒷면 사진.

61

루나 3호

달의 뒷면을 처음으로 엿보다

1959년

소련이 1959년 10월 4일에 발사한 길이 1.2m, 무게 278kg의 작은 우주선 루나 3호는 먼저 출발한 루나 2호의 뒤를 따라 달로 날아갔다. 루나 3호보다 몇 주 전 발사된 루나 2호는 천체에 착륙한 최초의 인공물로서 그 의미가 크다. 그러나 역사적으로 더 중요한 우주선은 누가 뭐래도 루나 3호다. 이 우주선의 임무는 간단했다. 달 주변을 근접 비행하면서 달 뒷면의 사진을 최대한 많이 찍는 것이다.

'달의 뒷면' 혹은 '달의 후면'처럼 우리가 보지 못하는 달의 반대편을 무엇이라고 부르든 한 가지 기억해야 할 것은, 이를 흔히 부르는 또 다른 말인 '어두운 면(Dark Side)'은 잘못된 용어라는 사실이다. 달의 뒷면도 앞면과 같은 시간만큼 태양 빛을 받는다. 소련은 이 사실을 이용해 루나 3호의 발사 시간을 정했다. 바로 지구에서 달이 완전히 어둡게 보이는 때, 반대로 뒷면은 전체가 태양 빛을 받을 때였다. 이틀간 6만 5,200km를 비행한 루나 3호는 달빛을 감지하자 자동으로 카메라 렌즈 셔터를 열었다. 그리고 10월 7일에 평범한 필름 카메라 시스템으로 40분간 29장의 사진을 찍는다.

이 사진들이 모두 성공적으로 지구에 전송된 것은 아니다. 루나 3호에는 사진 현상 시스템과 간단한 스캐너가 있어서 사진을 팩스처럼 지구에 보낼 수 있었다. 사진의 화질은 각기 달랐으며 그중 12장은 전송되지 못했고 공개된 사진은 6장뿐이다.

하지만 그것만으로도 역사를 만들기에 충분했다. 이 저화질의 이미지들은 인류가 최초로 엿본 달의 뒷면이었다! 사진은 조악했지만 그 안에는 그 후 50년간 천문학자들을 고민하게 만든 놀라운 사실이 담겨 있었다. 달의 앞면은 '달의 바다(Luna Maria)'라고 불리는 넓고 어두운 평원과 크레이터(Crater, 움푹 파인 큰 구덩이 모양의 지형)가 있는 밝은 고지대로 이루어져 있다. 그런데 달의 뒤편에는 이런 바다가 보이지 않았다. 아주 작고 검은 반점들이 몇 개 보였는데 그중 가장 큰 것에는 '모스크바의 바다(Mare Moscoviense)'와 '희망의 바다(Mare Desiderii)'라는 이름이 붙었다. 어떤 원리로 지구를 향한 달의 앞면에 그런 거대한 바다들이 생겨났는지는 몰라도 신기하게도 달의 뒷면에는 그런 부분이 거의 존재하지 않았던 것이다.

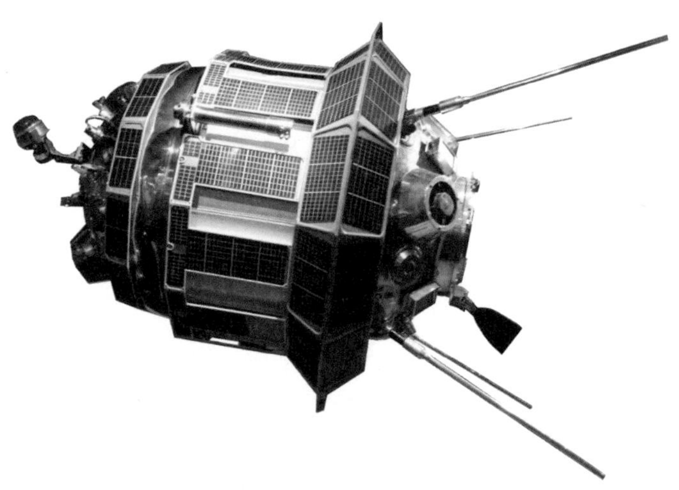

▲ 모스크바의 우주비행 기념 박물관에 있는 루나 3호의 모형.

62

무한 루프 자기 테이프 레코더

우주에서의 데이터 저장

1959년

테이프 레코더가 대중에게 알려지게 된 것은 미국 가수 빙 크로스비가 노래 녹음을 위해 이 기술에 관심을 보인 것이 계기로, 판매량도 크게 증가했다. 하지만 자기 테이프(표면에 자성 물질을 칠해 띠 모양으로 가공한 보조 기억 매체) 녹음 기술은 그보다 훨씬 더 오래전에 개발됐다. 1886년, 미국의 과학자 알렉산더 그레이엄 벨과 사촌인 치체스터, 기술자 찰스 섬너 테인터(특허번호 341,214에 두 사람의 이름도 올라 있다)는 함께 최초의 비자기 테이프 레코더를 발명했다. 밀랍과 파라핀을 입힌 4.8mm 너비의 종이 테이프가 움직이는 바늘 아래를 통과하는 방식이었다. 약 10년 후, 덴마크의 발명가 발데마르 포울센은 자기장의 변화를 철사 위에 기록하는 방식의 자기 음성 녹음 기술을 개발했다. 1932년에는, 화학적 처리가 된 종이 위에 전극으로 음파를 나타내는 줄무늬를 직접 새기는 광전식 종이 테이프 레코더가 개발되었다. 그 후에 나온 것이 독일 기업 AEG가 BASF와 공동으로 개발한 마그네토폰이었다. 자기에 반응하는 산화철 가루를 입힌 종이로 얇은 자기 테이프를 만들어 그 위에 음파를 기록하는 장치였다. 이러한 방식을 사용하면 더 작고 저렴한 기계를 만들 수 있었다. 1935년, 베를린 라디오 박람회에서 공개된 이 마그네토폰은 세계 최초의 실용적인 테이프 레코더다.

그런데 이 기술이 우주탐사와 무슨 관련이 있을까? 데이터 저장 기술 덕분에 한 우주선에서 얻을 수 있는 정보의 양이 급격하게 증가했기 때문이다.

위성은 사진이나 감지기에서 얻은 간단한 아날로그 데이터 등 다양한 형태로 정보를 수집할 수 있게 설계돼 있다. 그런데 우주탐사 초기에는 데이터가 생산되는 속도가 원격 측정 시스템으로 지상에 신호를 송신하는 속도보다 빨랐다. 게다가 그 데이터를 수신할 수 있는 시설이 지상에 매우 드물어서 과학자들은 원격 측정 데이터를 다운로드하는 사이사이에 정보를 저장할 방법을 찾아야 했다. 그들은 자기 테이프에서 그 해답을 얻었다. 1950년대 후반과 1960년대 초반에 데이터를 저장할 수 있는 유일한 기술이었다.

1959년 2월 17일에 발사된 뱅가드 2호는 자기 테이프 기술을 사용한 최초의 위성이다. 이 위성을 성공적으로 발사한 것은 우주 경쟁에서 미국이 이룬 중요한 성과로 여겨진다. 소련이 발사한 스푸트니크에 대한 응답이었기 때문이다. 뱅가드 2호의 목표는 배터리가 소진된 후 19일 동안 낮 시간의 구름양을 측정하는 것이었다. 이 위성은 108MHz의 주파수에서 1와트 송신기와 테이프 레코더(테이프를 사용해 되감기 없이 연속으로 기록하는 종류였다)를 사용해 50분 분량의 데이터를 녹음하고 1분씩 재생했다.

자기 테이프 레코더는 우주선의 데이터 저장과 버퍼링(데이터가 처리되거나 전송되는 도중에 일시적으로 저장하는 것)의 빈틈을 채워 줌으로써 TIROS와 님버스 같은 기상 위성, 그리고 매리너, 바이킹, 갈릴레오, 보이저 등의 우주 계획에 기여했다.

▲ 1960년경에 만들어진 TIROS-1 자기 테이프 데이터 레코더의 시제품. 미국 국립 항공 우주 박물관에 전시돼 있다.

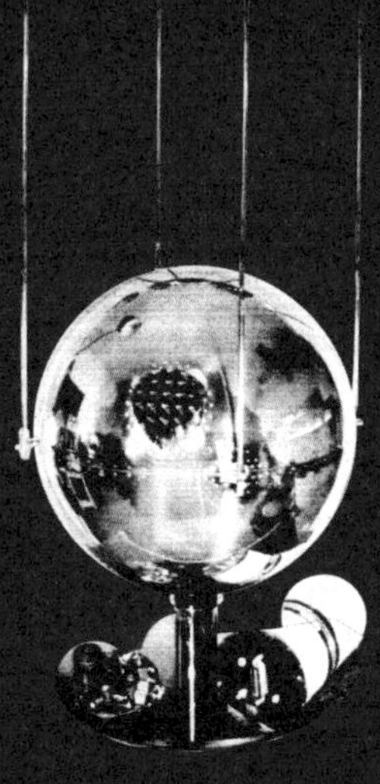

▶ 자기 테이프 레코더가 탑재된 인공위성 뱅가드 2호.

63

레이저

새로운 빛으로 보다

1960년

건물 2층에서 열린 파티에 참석한다고 상상해 보자. 그 안으로 들어가려면 무조건 엘리베이터를 타고 3층으로 올라간 다음 계단을 이용해 2층으로 내려와야 한다. 그런데 손님들이 계속 도착하자 건물 주인의 항의로 파티가 중단되었다. 그래서 모든 사람이 급하게 계단을 통해 1층으로 내려간다. 이것이 복사 유도 방출에 의한 광선 증폭(Light Amplification by Stimulated Emission of Radiation), 즉 레이저(LASER)의 기본 원리다. 1960년까지 이 현상 자체는 널리 알려져 있었지만 사용하기 편리한 도구로 실용화되지는 못한 상태였다.

레이저의 원리는 전자를 자극해서 들뜬상태로 만드는 것이다. 이 상태 자체는 오래가지 못하지만 전자들은 오랫동안 '준안정' 상태에 머물다가 다시 바닥상태로 진입하는데 이때 마지막으로 광자를 방출한다. 두 번째 광자의 파장은 고유하면서도 일정해서 위상이 같은 균일한 광선의 형태로 볼 수 있다.

미국의 물리학자 시어도어 메이먼은 원통형으로 연마한 루비를 고강도의 플래시 램프로 자극하면 레이저 광선을 발하게 만들 수 있다는 사실을 발견했다. 당시 많은 연구자들이 전자를 지속적으로 자극하는 방식을 연구하고 있었는데 메이먼은 짧은 섬광을 빠르게, 자주 비추는

◀ 칠레 파라날 천문대에 있는 거대 망원경의 레이저 인공 별 시스템.

것만으로도 충분하다는 것을 알아냈다. 그는 1960년 5월 16일, 최초의 광학 레이저를 개발했고, 그해 7월 7일에 기자회견을 열어 이 사실을 발표했다.

그 후 레이저는 프린터부터 산업용 금속 절삭기, 초정밀 광계측기까지 다양한 도구에 사용돼 왔다. 우주 분야에서도 레이저를 점점 더 많이 사용하고 있다. 2001년에는 유럽 우주국의 아르테미스 위성에서 처음으로 행성 간 레이저 통신 시스템을 시험했다. 2005년에는 NASA의 메신저 호에 탑재된 레이저 고도계가 약 2,500만km 떨어진 지구와의 교신에 성공했다. 2014년에는 국제 우주정거장에서 OPALS(Optical Payload for Lasercomm Science, 레이저 통신 과학을 위한 광학 탑재체) 실험을 통해 초당 50메가비트의 속도로 레이저 전송을 하는 데 성공했다. 레이저는 우주선의 부품들을 정밀하게 조립할 때도, 탐사차 '큐리오시티 로버'가 화학 분석을 위해 암석을 증발시킬 때도 사용되었다.

천문학 분야에서도 레이저가 인공적인 별을 만드는 데 사용된다. 광학적인 왜곡 영향을 줄여 광학 장치의 성능을 향상시키는 기술인 '적응 광학계'가 장착된 지상 망원경을 통해 별빛이 흐릿하게 보이는 것을 방지하고, 관측 대상을 선명하게 볼 수 있도록 레이저를 발사한다.

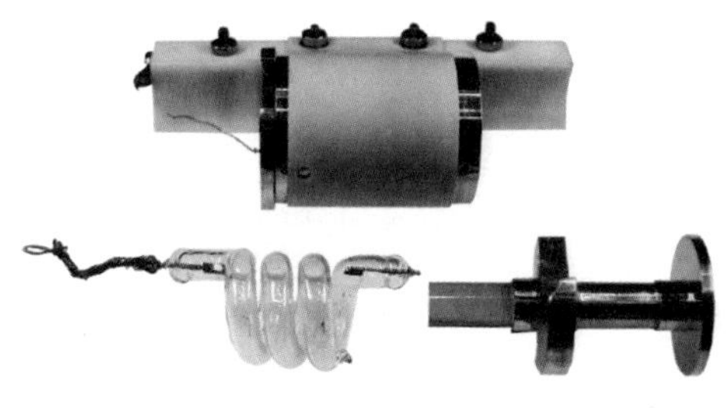

◀ 메이먼이 만든 레이저의 부품들.

64

우주 음식

우주 시대의 요리

1961년

1961년, 소련의 우주비행사 유리 가가린은 치약 형태의 튜브 3개로 식사를 했다. 그중 2개에는 퓨레(Puree, 갈아서 만든 걸쭉한 상태) 고기가 들어 있었고, 다른 하나에는 초콜릿 소스가 들어 있었다. 그 후 우주식은 극미 중력 상태라는 독특한 환경에 맞춰 꾸준히 발전하면서 더 맛있고 가볍고 영양이 풍부해졌다. 음식이 우주선 안에 떨어지면 전기 시스템에 이상을 일으키는 위험한 오염원이 될 수 있다. 그래서 처음에는 대부분의 식사가 튜브로 짜 먹는 형태였지만 시간이 지나면서 국제우주정거장(ISS)에도 음식을 데울 수 있는 보온기와 뜨거운 물을 받아 건조식품을 원상 복구할 수 있는 싱크대를 갖춘 작은 주방이 설치되었다.

과학이 발전하면서 제한된 극미 중력 환경에서 지내는 이들의 식품과 취사에 대한 심리·생물학적 요구를 모두 고려하게 되었다. 우주에서의 음식은 단순히 열량을 채우기 위한 용도가 아니라 ISS에서 오랫동안 지내는 승무원들의 삶에서 사회·심리적으로 중요한 요소이기도 하다. 냄새가 독해서 금지되는 음식도 있고, 특히 더 선호되는 음식도 있다. 우주비행사들은 매운 음식을 좋아하는데 우주에서는 미각이 무뎌지는 경향이 있기 때문이다. 1970년대 스카이랩 우주정거장에서는 새우 칵테일과 버터 쿠키가 꾸준히 인기를 끌었다. 랍스터와 크림소스를 섞어 만든 '랍스터 뉴버그', 신선한 빵, 가공육 제품, 아이스크림도

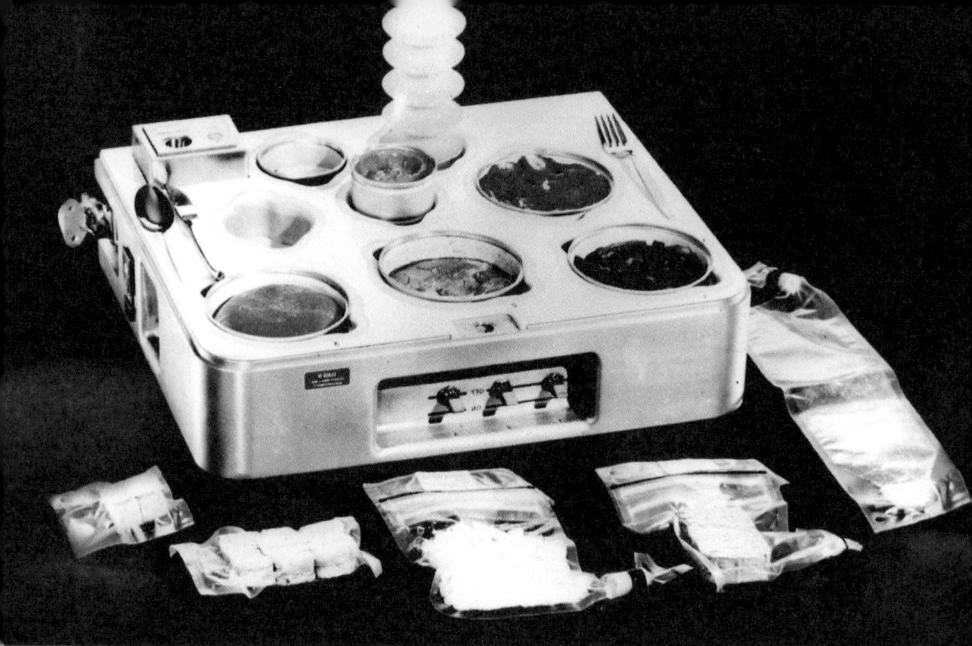

▲ 우주정거장 스카이랩의 식판. 식판 밖에 설탕 쿠키 큐브, 비프 샌드위치, 치킨 라이스, 소고기 찜, 포도 주스가 있고 식판 안쪽에는 딸기, 아스파라거스, 소갈비, 롤빵, 버터스카치 푸딩, 오렌지 주스가 있다.

인기였다. ISS에서는 각국 승무원들의 요구에 맞춰 다양한 통조림 식품과 신선한 채소가 제공되었다. 최근에는 한국의 전통 식품인 김치를 변형한 음식도 우주에서 먹을 수 있게 됐다! 배추를 발효시켜 만드는 이 음식을 우주여행에 적합하게 만들기 위해 세 개 연구 기관이 몇 년의 시간과 수백만 달러의 자금을 투자한 결과였다. 러시아 승무원들이 택할 수 있는 메뉴는 300가지가 넘는다. 2007년에 스웨덴의 우주비행사 크리스테르 푸글레상은 우주정거장에 순록 육포를 가지고 갈 수 없었다. 크리스마스 직전이라 미국인 우주비행사들이 '좀 이상하다'고 생각했기 때문이다. 푸글레상은 대신 말코손바닥사슴 고기로 만든 육포를 가지고 탑승했다.

▲ 유럽우주국의 우주비행사 사만타 크리스토포레티가 우주에서 에스프레소를 마시고 있다.

가장 최근에 우주식 분야에서 있었던 발전은 아르고텍 사가 개발한 ISS프레소라는 이름의 커피메이커다. 2015년, ISS에서 처음 내려 마신 에스프레소에 대해 이탈리아의 우주비행사 사만타 크리스토포레티는 트위터에 이런 평을 남겼다.

"지금까지 만들어진 최고의 유기 현탁액(TV 시리즈 〈스타트렉〉에서 커피를 좋아하는 인물인 '캐서린 제인웨이'의 대사). 새 무중력 컵에 담은 신선한 에스프레소! 대담한 추출을 위해…."

단, ISS에서는 해가 90분에 한 번씩 뜨기 때문에 NASA에서는 매일 에스프레소 한 잔으로 하루를 시작하는 것을 추천하지 않는다고 한다!

65

우주복

생명을 유지해 주는 제2의 피부

1961년

1961년 4월 12일, 우주비행사 유리 가가린은 궤도 비행에 성공함으로써 인류 역사상 최초로 우주에 간 사람이다. 미국은 이 사건에 긴급하게 대응했다. 그렇게 1961년 5월 5일에는 앨런 셰퍼드가 준궤도 우주비행에, 1962년 2월 20일에는 존 글렌이 마침내 궤도 비행에 성공할 수 있었다.

가가린이 탔던 보스토크 1호는 공간이 넉넉했지만 글렌이 탄 프렌드십 7호는 비좁았다. 글렌은 재진입 시 남태평양에 떨어질 것을 대비해 몇 가지 언어로 다음과 같이 쓴 메모를 몸에 지니고 있었다. "나는 이방인이다. 나는 싸울 의도가 없다. 나를 당신들의 지도자에게 데려다주면 내세에 큰 보상을 받게 될 것이다."

다음 해에 소련은 최초의 여성 우주비행사 발렌티나 테레시코바를 우주로 보냈다. NASA 또한 이 사건에 대응해 1983년 6월 18일, STS-7 임무를 수행할 우주왕복선에 천체물리학자 샐리 라이드를 탑승시켰다.

이 우주선들에 사용된 기술은 매우 다양했다. 하지만 한 가지 공통점은 만약 제 기능을 하는 우주복이 없었다면 그 어떤 우주비행사도 무사히 우주에 다녀와서 자신의 경험을 증언할 수 없었으리라는 사실

◀ 마크 IV 우주복을 입고 있는 존 글렌.

이다.

1930년대에 여압복(몸을 둘러싼 공간을 일정한 기압으로 유지해 보호하는 옷)이 발명된 후로 미 공군은 '암스트롱 한계', 즉 대기압이 낮아서 물이나 체액이 사람의 체온 정도에서 끓기 시작하는 고도 1만9,000m 위로 비행하는 조종사들을 위해 다양한 비행복을 사용해 왔다.

1950년대 후반에는 한국전쟁 당시 제트기 조종사들이 입었던 미 해군의 마크 IV 여압복이 선호되었는데 특별히 부피가 크거나 무겁지 않고 무엇보다 움직임이 훨씬 자유로웠기 때문이다. NASA는 머큐리 계획(1958~1963)에 이 마크 IV를 개조해 사용했다. 존 글렌도 역사적인 비행 당시 이 옷을 입었다. 그 후의 우주복 디자인에는 손목 베어링, 그리고 무엇보다 중요한 소변 수거 장치가 포함되었다.

여압복은 우주 공간에서 풍선처럼 부풀어 오르기 때문에 스트랩을 추가해 팽창을 방지해야 했다. 또한 압력이 높아지면 손목, 팔, 팔꿈치 관절을 움직이기 어렵기 때문에 회전하는 베어링을 장착해 우주비행사들이 편하게 일할 수 있도록 해야 했다. 우주복은 은색이나 흰색 소재로 만들어 태양 빛을 반사하도록 했다. 어두운 색의 우주복은 너무 빨리 뜨거워져서 몇 분만 지나도 견디기 힘들었다. 1960년대에 제미니 계획이 시작될 무렵에는 우주복 내부에 액체를 순환시켜 온도를 낮추는 장치도 추가했다. 이 장치 때문에 우주선 밖이나 달 표면에서 입는 우주복은 부피가 한층 커졌다. 발사와 재진입 동안의 긴급 상황을 대비해 입는 평범한 우주복은 여전히 부피가 작고 가벼운 머큐리 우주복의 디자인과 비슷했다.

66

신컴 2호와 3호

우주의 상용화

1964년

지구 정지 궤도는 위성이 지구의 자전 속도와 같은 속도로 도는 궤도를 말한다. 따라서 정지 궤도 위성은 지표면에서 볼 때 밤이든 낮이든 상공의 한 지점에 머물러 있는 것처럼 보인다. 휴즈 항공사는 이러한 궤도를 이용한 통신의 잠재력을 포착했다. 1960년대에 이 회사가 개발한 신컴(Syncom) 정지 궤도 통신 위성은 항상 같은 위치에 지속적으로 정보를 전송할 수 있었다.

신컴의 첫 위성은 최종 궤도에 진입하는 데 실패했으나 1963년 7월 26일에 발사된 신컴 2호는 세계 최초의 정지 궤도 통신 위성이 되었다. NASA는 음성, 팩스, 원격 인쇄 테스트를 거쳐 최초로 정지 궤도 위성을 이용한 TV 방송에 성공해 역사를 만들었다. 그리고 한 달 후에는 세계 최초로 위성 연결을 통해 존 F. 케네디 대통령과 나이지리아 총리의 통화를 가능하게 했다.

신컴 3호 역시 의미가 있다. 기술을 더욱 발전시켜 정지 궤도 위성 통신의 힘을 대중들에게 널리 알렸기 때문이다. 1964년 8월 19일에 발사된 이 위성은 길이 38cm, 지름 71cm 정도의 원통형으로, 표면을 덮고 있는 3,800개의 실리콘 태양전지를 통해 2개의 트랜스폰더를 작동할 수 있는 29와트의 전력을 생산했다. 신컴 3호는 태평양의 동경 180도에서 지구 중심으로부터 4만2,163km 높이의 적도 상공으로 올라가 지구의 자전 속도와 같은 속도로 적도 상공의 궤도를 도는 최초의 진정한 정지 궤도 위성이 되었다.

이 위성은 1964년 도쿄 올림픽의 TV 방송, 샌프란시스코와 호놀룰루를 오가는 항공 노선을 위한 통신 중계 등 다양한 기술의 테스트에 이용됐다. 1965년 1월에는 미국 국방부가 소유권을 넘겨받아 베트남 전쟁 초반에 활용하기도 했다.

캐나다, 유럽, 일본, 미국은 올림픽 기간에 이 위성을 이용하기 위해 다 함께 100만 달러를 지불했다. 신컴 3호가 중계하는 방송을 주로 본 쪽은 캐나다와 유럽이었다. 미국의 방송국 NBC는 매일 도쿄에서 날아오는 비디오테이프로 고화질 방송을 하는 쪽을 더 선호했기 때문이다. 하지만 개막식을 보기 위해 동부 시간 오전 1시까지 깨어 있었던 미국인들은 바라던 생중계를 볼 수 있었다.

위성이 궤도에 올라가려면 무게가 매우 가벼워야 했다. 그래서 신컴 3호의 중계방송에는 오디오가 없었다. 대신 오디오 정보는 태평양 횡단 케이블을 통해 전송하고, 캘리포니아 포인트 무구에 있는 지상국에서 오디오와 비디오 스트림을 모두 수신해 버뱅크 교외로 전달하면 그곳에서 합치고 동기화했다.

◀ 1964년 도쿄 올림픽 개막식 중계방송.

▶ 인공위성 신컴 2호.

67

비디콘 카메라

천체의 전자 사진

1964년

사진은 가장 기본적인 천문 탐구 중 하나다. 하지만 망원경으로 보이는 것을 사진으로 찍는 일과 그 정보를 수백만 킬로미터 떨어진 지구에 무선 신호로 전송하는 일은 어려운 문제다. 1959년, 달 촬영을 목적으로 발사된 우주선 루나 3호는 최초로 이미지 원격 전송을 시도했다. 이 우주선은 필름 카메라로 사진을 찍고 화학적으로 현상한 후 전자 스캔해서 그 신호를 지구로 전송했다. 하지만 화학 물질이나 필름을 쓰지 않고도 이렇게 할 수 있는 또 다른 방법이 있었다. 바로 텔레비전이다!

지상에서 이미지를 전자적으로 전송하기 위한 시도는 1920년대 이전부터 있었다. 그러나 실제로 사용 가능한 방법의 특허를 처음 낸 사람은 1926년, 헝가리의 공학자 티허니 칼만이었다. 기본적인 아이디어는 특수한 진공관의 평평한 표면에 셀레늄처럼 빛에 민감한 물질을 코팅해 그 위에 상이 맺히게 하는 것이다. 표면에 빛을 쏘이면 빛의 강도에 비례하는 수의 전자들이 생성된다. 그러면 음극선으로 이 표면을 스캔해서 상을 '읽는' 것이다. 미국의 전기회사 RCA는 1946년 이미지 오시콘관(Image Orthicon Tube, 비디오카메라에서 영상을 전기 신호로 광전 변환하는 데 사용되는 특수한 전자관의 하나)을 개발하고 꾸준히 개선해,

◀ 매리너 4호가 화성의 파에톤티스 사각형 근처에서 찍은 지름 150km의 크레이터 사진. 픽셀화되었다.

점점 더 약한 빛에서도 작동하게 함으로써 결국 이미지 비디콘(Vidicon)관이라는 새로운 장치를 개발하기에 이르렀다. 우주선에서도 망원경으로 비디콘관에 상이 맺히게 한 후 그 상을 전자 스캔하면 필름 현상 단계 없이 지구로 바로 전송할 수 있게 되었다.

1960년에 기상 위성으로 발사된 텔레비전 적외선 관측 위성(TIROS-1)은 이 새로운 비디콘 기술을 우주에서도 사용할 수 있다는 사실을 증명했다. 1962년에는 레인저 3호가 TIROS-1의 뒤를 이었다. 이 우주선에는 비디오 시스템이 탑재돼 있었지만 목표 지점인 달에 도달하는 데 실패했다. 하지만 비디콘 기술의 가장 유명한 초기 성공 사례 중 하나는 1964년에 발사된 화성 탐사선 매리너 4호다. 당시에 화성의 표면은 어린이들에게든 천문학자들에게든 그저 무성한 추측의 대상일 뿐이었다.

사람들은 매리너 4호가 보내는 사진을 통해 가장 기본적인 질문, 즉 '화성에 정말 운하가 있을까?'에 대한 답 얻기를 기대했다. 지구로 전송된 22장의 사진과 634킬로바이트의 데이터가 준 해답은 모두의 예상을 빗나갔다. 운하는 없었다. 크레이터뿐이었다.

매리너 4호에는 관측 시야 1도, 분해능 약 3.2km의 지름 3.8cm짜리 망원경의 초점부에 제트 추진 연구소가 개발한 비디오카메라가 설치돼 있었다. 이 망원경으로 비디콘관에 화성 표면의 상이 맺히게 한 후 빛의 세기 변화를 전기 신호로 바꾸었다. 그리고 신호의 강도를 1픽셀당 6비트, 200×200픽셀의 사진 1장당 24만 비트로 디지털화했다. 지구까지의 거리가 워낙 멀어서 원격 전송 속도는 대단히 느렸다. 그래서 초당 약 8비트의 속도로 전송되는 동안 우주선에 탑재된 테이프 루프, 100m, 용량 500만 비트의 자기 테이프 레코더에 이미지를 저장했다.

▲ 보이저호의 비디콘관. NASA의 제트 추진 연구소가 기증해 현재 영국 바스의 허셜 천문 박물관에 소장돼 있다.

비디콘 기술은 파이어니어 10호와 11호, 바이킹 1호와 2호, 보이저 1호와 2호 등 많은 우주 임무에서 역사적인 발견을 가능하게 했다. 마지막으로 사용된 것은 보이저호였다. 1977년에 발사됐지만 1972년 초부터 매리너 목성-토성 탐사 계획의 일환으로 설계·제작된 우주선이었다. 1975년부터는 디지털카메라 기술이 발달해 NASA도 1989년에 발사한 갈릴레오 탐사선에는 고체 촬상 카메라를 탑재하기로 했다. 디지털 이미징 기술은 허블 우주 망원경의 800×800픽셀 광시야 및 행성용 카메라에도 필수적이었다. 이 카메라는 1982년에 허블의 촬영 장비로 선택되었지만 허블이 발사된 것은 1990년에 이르러서였다.

68

스페이스 블랭킷

체온을 조절하는 간단한 방법

1964년

우주에서 사용되는 일부 기술은 현대인의 일상에도 급격한 발전을 가져왔다. 그중에서 가장 소박하고 눈에 띄지 않는 기술 중 하나는, 열을 반사하는 금속 막을 입힌 플라스틱 시트다. 공학자들은 스페이스 블랭킷(Space Blanket)이라고 불리는 이 담요를 이용해 우주선의 온도를 조절한다.

스페이스 블랭킷은 NASA의 우주 계획 초기였던 1964년, 마셜 우주 비행 센터의 공학자들이 개발했다. 이 금속 막을 만드는 것은 쉬운 일

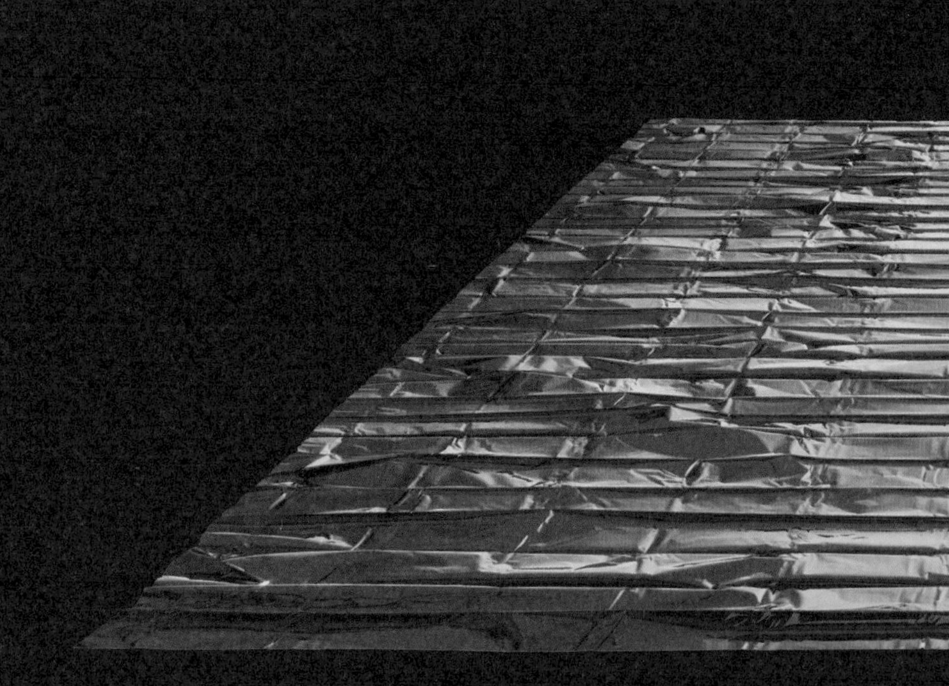

이 아니다. 기화된 알루미늄을 마일라 플라스틱이라는 소재의 특성에 맞춰 적외선파(열)가 전도되지 않고 반사되도록 만들어야 한다. 열을 반사하는 막이 몸 쪽을 향하게 두르면 몸에서 빠져나가는 적외선 에너지의 최대 97%를 반사시켜 몸을 따뜻하게 유지시킨다. 반대로 뒤집어서 반사막이 바깥쪽을 향하도록 두르면 거울처럼 적외선 에너지를 반사시켜서 체온이 올라가지 않게 해 준다.

스페이스 블랭킷이 단지 체온 조절에만 쓰이는 것은 아니다. 아폴로호의 달 착륙선 아래쪽에 씌운 금색 덮개를 비롯해 허블 우주 망원경과 화성의 탐사차까지 유인이든 무인이든 모든 우주선에서는 이 담요를 사용한다. 아마도 우주에서 스페이스 블랭킷이 중요한 역할을 했던 가장 유명한 예는 1973년의 스카이랩 임무일 것이다. 이 우주선의 비행사들은 외부의 태양 차단막이 파손되자 스페이스 블랭킷으로 임

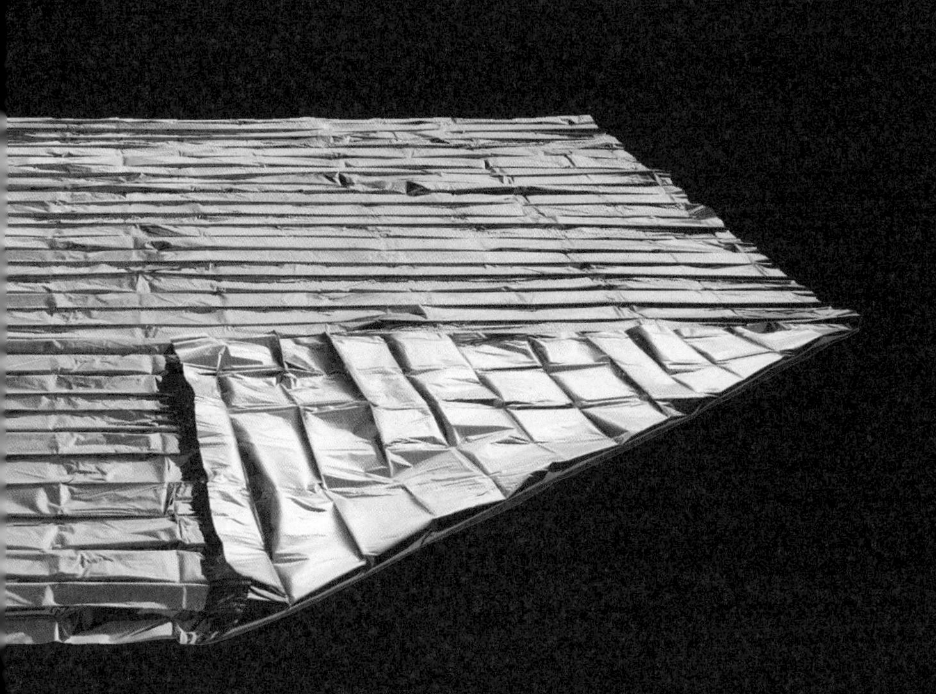

시 차단막을 만들어 내부의 온도를 생존 가능한 수준까지 낮출 수 있었다.

요즘은 스페이스 블랭킷이 캠핑이나 산행처럼 모험을 즐기는 사람들의 필수 안전 용품이 되었다. 1979년 말, 미국 뉴욕 마라톤 대회에 참가한 선수들에게도 저체온증 방지를 위해 스페이스 블랭킷이 지급되었다. 지금도 세계 곳곳의 결승선에서 이 담요를 나눠 주고 있다.

▲ 스카이랩-3 임무에 사용된 태양 차단막.

69

휴대용 기동 장치

우주에서 유영하기

1965년

1965년 6월의 화창한 날, 미국의 우주비행사 에드워드 화이트는 비좁은 제미니 4호의 캡슐을 벗어나 우주 공간에서 산책을 하기로 결정했다. 그의 동료 우주비행사 제임스 맥디빗이 캡슐 안에서 좌석에 몸을 고정시키고 있을 때, 화이트는 산소와 통신 링크를 제공하는 생명 줄을 단 채 밖으로 빠져나가 23분을 보냈다. NASA에서 선외 활동(EVA, ExtraVehicular Activity)이라고 부르는 우주 유영은 정말 신나는 일이었다. 관제실에서 캡슐로 돌아가라는 지시가 떨어지자 화이트는 머뭇거리며 이렇게 말했다.

"내 인생에서 가장 슬픈 순간이군요."

화이트가 제미니 캡슐 주변을 돌아다니는 데 사용한 휴대용 기동 장치(HHMU, HandHeld Maneuvering Unit)는 다소 원시적인 형태였다. 압축 가스는 3분 만에 바닥이 났다. 화이트의 동료인 맥디빗은 이 장치를 실패작으로 여겼다. 몸의 질량 중심을 고려해 정확하게 조준하지 않으면 앞으로 나아가지 못하고 빙빙 돌 뿐이기 때문이다. 이를 개발한 공학자들은 우주 공간의 까다로운 물리적 특성을 잊고, 그저 이동 방향의 반대쪽을 향해 방아쇠를 당기면 된다고 생각했던 모양이다.

그 후의 임무에도 비슷한 장치들이 사용되었지만 결국 더 튼튼하고 스트랩으로 장착하는 형태의 유인 기동 장치(MMU, Manned Maneuvering Unit)로 교체되었다. 이 장치는 1984년부터 우주왕복선에서 사용되었다. MMU의 공동 개발자인 우주비행사 브루스 맥캔들리스와 로버트 L. 스튜어트는 1984년 2월 7일, MMU를 사용해 생명 줄 없이 하는 역사적인 우주 유영에 성공했다. 맥캔들리스가 챌린저 우주왕복선에서 90m 이상 떨어진 곳에서 유영하는 모습을 찍은 사진은 유명하다!

화이트가 사용한 휴대용 기동 장치는 그리 완벽하지는 못했지만 그래도 하나의 시작점이 되어 주었다. 이 장치의 사용은 오늘날 우주비행사들의 자유로운 우주 유영을 향한 역사적인 첫 걸음이었다.

▲ 우주 유영 중인 브루스 맥캔들리스의 유명한 사진.

▶ 에드워드 화이트가 제미니 4호 임무 도중 우주 유영을 하며 손에 휴대용 기동 장치를 들고 있다.

▲ 사고 후에 개선된 블록 I 해치(아폴로 4호).

▼ 아폴로 1호의 해치는 두 부분으로 이루어져 있었는데 안쪽 부분이 문제의 플러그 도어 형태였다.

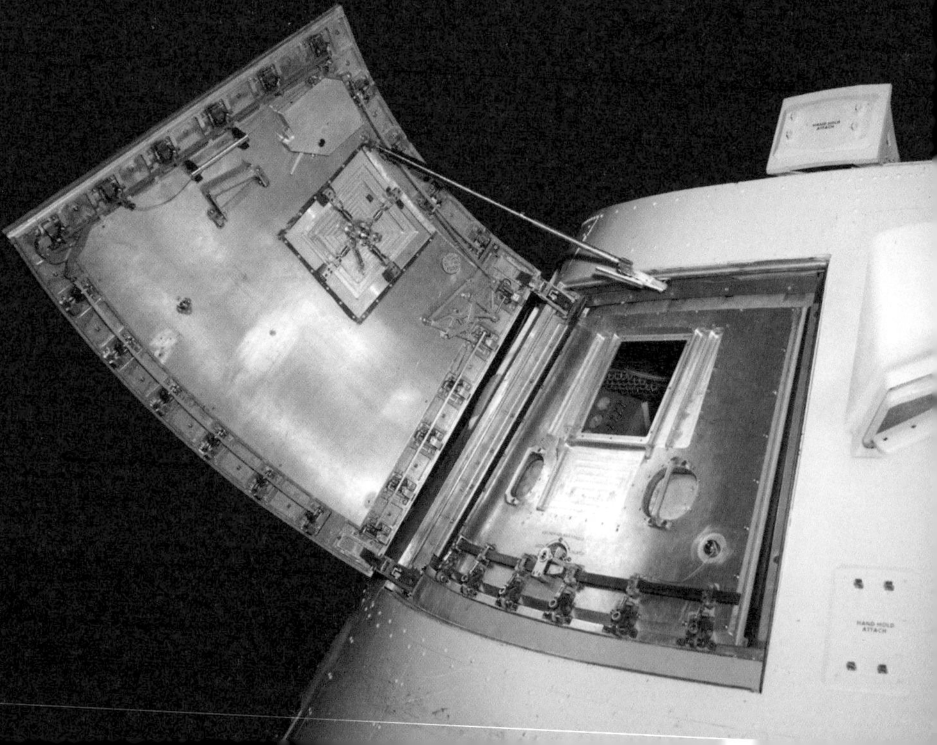

70

아폴로 1호 블록 I 해치

우주여행의 위험에 대한 경고

1967년

앨런 셰퍼드가 준궤도 비행에 성공한 지 6년 후, 빠르게 발전 중이던 우주 계획 과정에서 끔찍한 사고가 발생했다. 1963년 시작된 아폴로 계획은 큰 발전을 거두어 1969년에는 달에 착륙하는 데 성공했다. 그러나 그 시작은 비극이었다. 1967년, 아폴로 1호 캡슐의 첫 지상 테스트 도중 큰 화재가 발생했다. 순수 압축 산소로 채워져 있던 공간에 전기 불꽃이 발생했고, 설상가상으로 주변의 물질들이 가연성의 나일론이었던 탓에 캡슐 내부는 짧은 시간 동안 거센 불길에 휩싸였다. 결국 3명의 우주비행사 거스 그리섬, 에드워드 화이트, 로저 채피가 사망했다. 공식 사고 기록에 따르면 화재 9초 전, 전기 커넥터의 일종인 AC 버스 2의 전압이 순간적으로 치솟았던 것으로 밝혀졌다. 하지만 그 원인은 아직까지 찾지 못했다.

부검 결과에 따르면 우주비행사들의 사망 원인은 불이 아니라 일산화탄소로 인한 질식이었다. 사고 조사 위원회는 우주선의 환경 제어 장치(ECU) 근처의 여러 군데에서 전기 불꽃이 발생했음을 확인했다. 특히 작은 출입문을 자주 열고 닫다 보니 은도금된 구리 전선에 씌워져 있던 절연재인 테프론이 벗겨져 있었다. 그리고 그 전선 근처에는 누출되기 쉬운 에틸렌 글라이콜($C_2H_6O_2$) 냉각선이 있었다. 시뮬레이션 결과 이 물질이 누출되어 순수 산소로만 이루어진 공기 중에서 발화했을 가능성이 충분했다. 에틸렌 글라이콜은 자동차의 냉각 장치에 흔히 사용되는 냉각제다. 물보다 더 효과적으로 열을 흡수하며 끓는점도 물보다 더 높아서 우주복 안의 냉각 장치에도 사용돼, 아폴로 같은 비좁은 우주 캡슐 내부의 온도를 내리는 데에도 유용하다. 다만 이것이 산소, 발화원과 동시에 접촉한 것이 문제였다.

하지만 중대한 설계상의 결함은 해치에 있었던 것으로 보인다. 다른 모든 부분에 이상이 생겼더라도 쉽게 탈출할 방법이 있었다면 우주비행사들의 목숨은 구할 수 있었을 것이다. 하지만 플러그 해치라고 불리던 아폴로 1호의 블록 I 해치는 밀폐를 위해 외부보다 내부의 압력을 더 높게 유지했다. 게다가 내부 감압을 한 후에만 안쪽으로 열리게 되어 있었다. 임무 도중 실수로 열리는 것을 막기 위한 설계였지만 아폴로 1호의 비극은 그러한 구조가 지닌 치명적인 결함을 드러냈다. 감압하려면 작동해야 하는 벤트 밸브는 불길에 막혔고, 비상 상황에서 빠르게 감압할 수 있는 장치도 없었다.

아폴로 우주 캡슐은 향후 화재와 관련된 문제를 방지하기 위해 완전히 새롭게 설계되었다. 해치는 압력 조절 없이도 바깥쪽을 향해 열 수 있게 되었고, 선내의 공기 조성은 산소 60%, 질소 40%로 바뀌었다. 가연성 높은 나일론으로만 이루어져 있던 우주복은 비가연성 소재로 바뀌었다. 알루미늄 배관은 반응성이 낮은 스테인리스 스틸로 교체했고 전선에는 방염 소재의 절연재를 씌웠다.

71

인터페이스 메시지 프로세서

월드 와이드 웹의 시작

1967년

인터페이스 메시지 프로세서(IMP, Interface Message Processor)는 최초의 인터넷인 아파넷(ARPANET)을 구성한 컴퓨터 네트워크의 핵심 기술이다. IMP는 참여자의 컴퓨터를 아파넷/인터넷의 중심과 연결하는 통로 역할의 작은 컴퓨터다. 오늘날에는 이러한 장치를 라우터(Router)라고 부른다. 그 역할은 호스트 컴퓨터의 데이터 패킷을 패킷 스위칭(Packet Switching, 자료를 일정한 단위로 구분해 전송하는 통신)을 사용해 다른 컴퓨터로 전달하는 것이다.

최초의 IMP는 1966년, 영국 국립 물리학 연구소의 도널드 데이비스가, 그리고 1967년에 데이비스와는 독립적으로 미국의 컴퓨터 과학자 래리 로버츠가 이끄는 아파넷 실행 팀이 개발했다. IMP가 호스트와 네트워크 사이에 위치한 작은 컴퓨터여야 한다는 아이디어는 세인트루이스 워싱턴 대학의 웨슬리 클라크가 생각해 냈다. 1969년, 매사추세츠의 기업인 볼트 베라넥 앤 뉴먼 사가 허니웰 DDP-516 미니컴퓨터를 기반으로 한 IMP 4개의 제작을 맡았다. 패킷 스위칭을 통한 최초의 메시지 전송은 1969년 10월 29일, UCLA의 찰리 클라인과 스탠퍼드 연구소의 빌 듀발 사이에서 이루어졌다. 메시지 내용은 LO라는 글자가 전부였다. 원래 메시지 내용은 LOGIN(로그인)이었는데 중간에 네트워크 연결이 끊긴 것이다! 한편 DDP-516의 또 다른 버전인 DDP-316은 '조리법을 저장하기 좋은' 허니웰 주방 컴퓨터로 홍보되며 현재

가치로 7만3,000달러에 팔리고 있었다.

천문학자들은 오랫동안 아파넷을 통해 메인프레임 컴퓨터와 연결해 데이터와 메시지를 전송해 왔다. 1971년에는 이메일이 탄생했고 1973년에는 파일 전송 프로토콜(FTP)이 등장했다. 1972년에는 텔넷이라는 새로운 서비스를 통해 먼 곳에서도 컴퓨터에 로그인할 수 있게 되었다.

아파넷은 1990년에 사라지고 NSF넷이 그 자리를 대신했다. 이 모든 혁신은 1989년, 영국의 컴퓨터 과학자 팀 버너스리가 고안한 월드 와이드 웹(WWW)의 탄생으로 이어졌다. 세계 최초의 웹 브라우저 탄생이었다!

오늘날 거의 모든 과학자들의 연구실에서 컴퓨터 인터페이스를 통한 정보와 데이터의 빠른 교환을 가능하게 하는 인터넷은 필수적인 요소다. 또한 인터넷을 보편적으로 사용할 수 있게 한 기술은 우주선 작동과 다양한 수학적 모델링 계산에 사용되는 컴퓨터 속도의 획기적인 향상에도 기여했다.

▶ 세계 최초의 라우터인 아파넷의 IMP.

INTERFACE
MESSAGE
PROCESSOR
bbn

72

핫셀블라드 카메라

우주 최초의 셀카

1968년

1962년 10월, 머큐리 계획에 참가한 우주비행사 월터 쉬라는 핫셀블라드 500C라는 카메라를 우주에 가지고 와 최초의 우주 사진을 찍었다. 그 후로 핫셀블라드는 NASA 우주 계획에서 즐겨 사용하는 카메라가 되었다. 스웨덴 예테보리에 있는 빅토르 핫셀블라드 AB 사에서 제조한 이 카메라는 제미니, 아폴로, 스카이랩 계획에서 광범위하게 쓰였다. 우주 공간을 찍은 유명한 사진들 중 일부는 이 카메라로 촬영된 것이다.

500EL 모델은 아폴로 계획의 모든 임무에 사용되었다. 촬영 후 상자 모양의 은색 카메라 10여 개는 달 표면에 남겨지고, 그 카메라로 찍은 선명하고 또렷한 필름이 지구로 돌아왔다.

1968년 크리스마스이브, 아폴로 8호의 우주비행사 윌리엄 앤더스는 250mm 텔레포토 렌즈를 끼운 70mm 핫셀블라드 500EL로 '지구돋이(Earthrise)'라는 제목의 유명한 사진을 찍었다.

앤더스는 아폴로 8호의 창문 밖으로 펼쳐지는 아름다운 풍경을 보고 몇 초 동안 정신없이 연속 사진을 찍었다. 그중에서도 '지구돋이'는 가장 초점이 잘 잡히고 구도가 예술적인 사진으로 평가받는다. 또한 단지 아름다운 사진을 넘어, 수많은 지구인의 상상력을 자극했기에 당시 싹트기 시작한 환경 운동과 훗날 '지구의 날' 제정에 영향을 미치기도 했다.

▼ 아폴로 계획에 사용된 핫셀블라드 500EL/M.

◀ 아폴로 8호의 윌리엄 앤더스가 찍은 '지구돋이'.

아폴로 11호의 월석

다른 세계에서 가져온 최초의 지질학 샘플

1969년

달은 무엇으로 만들어졌을까? 1609년, 망원경이 발명되자 수천 년간 이어진 이 질문에 대해 추측보다 좀 더 사실에 기초한 답이 나오기 시작했다. 달의 반사율 측정 같은 간접적인 관측 방법이었지만, 확실한 정보는 달이 일종의 돌로 이루어졌다는 것이다. 달의 지질학적 특성에 관한 최초의 구체적인 증거는 아폴로 11호의 우주비행사들이 달 표면을 방문해 목격하고 가져온 월석과 파편이었다.

2시간 반의 선외 활동을 포함해 달 표면에서 보낸 21시간 36분 동안 미국의 우주비행사 닐 암스트롱과 버즈 올드린은 약 21kg의 암석과 토양 샘플을 수집했다. 또한 활동 시간표에 따라 시간에 쫓기면서도 몇 개의 실험 패키지를 설치하기도 했다.

암석 샘플 10072,80의 분석 결과는 '다공질, 미세 입자, 고함량의 포타슘, 일메나이트 현무암'이었다. 무게 447g의 이 돌은 약 36억 년 전의 것으로 밝혀졌지만, 우주 입자선을 이용해 측정한 연대는 약 2억 3,500만 년밖에 되지 않았다. 이것은 대부분의 시간을 땅속에 묻혀 지내다 2억3,500만 년 전 표면으로 올라왔다는 뜻이다. 어쩌면 그때 달의 표토에 유성이 충돌해 폭발했을 수도 있다. 이 암석에서는 지구에 없었던 새로운 광물도 발견됐는데, 아폴로 11호 우주비행사들인 암스

▶ 캔버라 심우주 통신 단지의 안내소에 전시된 아폴로 11호의 월석 샘플 10072,80.

트롱, 올드린, 콜린스의 이름을 따 아말콜라이트(Armalcolite)로 명명되었다.

암석 샘플을 분석한 결과 달의 표면도 지구의 지각처럼 규산염이 풍부하다는 사실이 밝혀졌다. 하지만 티타늄과 산화알루미늄 또한 풍부해서 2가지를 합친 비율이 달 샘플의 약 20%를 차지했다. 이것은 달이 지구의 지각과 유사한 물질로만 이루어지지는 않았다는 뜻이다. 이유는 알 수 없지만 지구의 위성인 달의 구성 성분은 지구와 달랐다. 이 새로운 정보로부터 거대 충돌설이 나왔다. 화성 크기의 거대한 천체가 지구와 충돌한 후, 그 천체의 파편과 지구에서 튕겨 나간 지각의 파편들이 합쳐져 달을 이루었다는 가설이다.

74

CCD 이미저

필름 없이 찍는 우주의 사진

1969년

1961년, 제트 추진 연구소의 공학자 유진 랠리는 당시 아직 존재하지 않았던 디지털 이미징 기술을 사용해 우주에서 우주선의 방향과 현재 경로를 알아내는 방법을 제안했다. 사실 '디지털 사진'이라는 용어도 랠리가 만들었다! 1965년에는 그림(Picture)과 요소(Element)를 합친 말인 픽셀(Pixel)이 이미 쓰이고 있었다.

1960년대에는 진공관 없는 이미징 시스템을 만들려는 시도가 여러 번 있었다. 1969년, AT&T 벨 연구소의 공학자 조지 스미스와 윌러드 보일이 개발한 전하 결합 소자(CCD, Charge-Coupled Device)는 디지털 이미징 시스템의 현대적 특징을 모두 갖춘 최초의 고체 촬상 장치였다. 두 사람은 훗날 이 연구로 노벨상을 받았다! 아이러니하게도 이들이 CCD를 처음 개발한 것은 '영상 전화'에 들어갈 기억 장치 목적이었다. 그런데 1년 후, 이들은 CCD의 반도체 소재가 빛에 민감하며, 따라서 CCD 기억 장치가 이미지 장치 역할도 할 수 있다는 사실을 발견했다. 여러 회사들이 재빨리 이것을 디지털카메라에 적용할 방법을 실험하기 시작했다. 그 선두에는 페어차일드 반도체 사가 있었다.

페어차일드 반도체가 만든 100×100픽셀 어레이의 CCD201ADC는 정지 화상을 찍고 이를 각 화소(픽셀)에 축적된 전하에 저장할 수 있었다. 그러나 이 이미지는 빠르게 바래졌다. 그래서 1970년대의 초기 CCD 기술은 페어차일드 MV-100 같은 고체 촬상 TV 카메라에 쓰였다. 1973년, 이스트먼 코닥 사에서 일하던 젊은 공학자 스티븐 새슨은 자기 오디오테이프에 숫자를 기록하는 방식의 회로를 설계해 이미지가 바래는 문제를 해결했다.

이 소박한 시작이 그토록 획기적이었던 이유는 과정 전체가 화학 물질이 필요 없는 전자식이었기 때문이다. 새슨의 0.01메가픽셀 카메라로 사진을 찍은 후 CCD에 이미지가 형성되는 데는 23초가 걸렸다.

천문학 분야에서 디지털 사진 기술이 처음 사용된 것은 그로부터 몇 년 후였다. 1976년, 애리조나 대학의 천문학자 브래드포드 스미스는 레먼 산 천문대의 지름 1.5m 망원경에 텍사스 인스트루먼트 사의 400×400픽셀 CCD를 장착해 최초로 천왕성의 흐릿한 사진을 찍었다. 이 사진을 통해 행성 대기의 세세한 부분들이 처음으로 밝혀졌다.

NASA는 재빨리 우주선에도 CCD 이미저를 도입해 행성의 표면을 촬영하는 용도뿐 아니라 항법 시스템의 핵심 요소로도 사용했다.

▲ 현대의 CCD 이미저.

▲ 뉴호라이즌스의 장거리 정찰 이미저(LORRI)로 명왕성의 위성인 카론을 찍은 역사적인 사진.

75

달 레이저 거리 측정 재귀 반사체

레이저로 측정한 지구와 달의 거리

1969년

달까지의 거리는 얼마나 될까? 이 질문은 수 세기 동안 논쟁의 대상이었다. 1950년대에는 레이더의 전파를 사용해 거리를 오차 몇 킬로미터 이내까지 정확하게 측정할 수 있게 되었다. 이윽고 측량학과 기술이 경이로울 정도로 정밀해지면서 천문학적 수치를 알아내는 새로운 방법들이 탄생했다. 그러나 거리를 정확히 측정하기 위해서는 유인 탐사가 필요했고, NASA의 아폴로 계획이 바로 그것이다.

이때는 레이저를 이용했는데 단지 달의 표면에 반사경을 설치하는 것만으로는 측정을 정확히 할 수 없었다. 거추장스러운 우주복을 입은 우주비행사가 수동으로 방향을 찾는 방식으로는 레이저 펄스를 광원인 망원경으로 다시 돌려보낼 수 있는 정확한 위치를 잡기 어렵기 때문이다. 하지만 제2차 세계대전 기간에 레이더가 등장하면서 반사체의 방향과 상관없이 광학 신호를 원래 방향으로 돌려보낼 수 있는 새로운 기술이 개발되었다. 코너 반사체라고 부르는 이것은 정육면체의 모서리 형태로 3개의 거울을 설치해 각 거울의 반사면이 안쪽을 향하도록 만든 것이다. 이 반사경의 범위 안에 들어온 신호는 어떤 각도에서 들어오든 정확히 입사 방향으로 반사된다.

레이저가 발명된 지 겨우 몇 년 후인 1964년, NASA는 코너 큐브

◀ 아폴로 15호가 달 표면에 설치한 코너 큐브 재귀 반사체.

반사체를 탑재한 인공위성 익스플로러 22호에서 돌아온 레이저를 최초로 수신했다. 이 장치는 빠르게 개조되어 1969년부터 아폴로 11호, 14호, 15호의 우주비행사들이 달 표면으로 싣고 간 주요 실험 패키지에 실렸다. 이것이 달 레이저 거리 측정 재귀 반사체(Lunar Laser Ranging Retroreflector)였다.

레이저 광선이 지구에서 출발할 때의 너비는 몇 밀리미터 정도지만 달 표면에 도착할 무렵엔 약 6.4km가 된다. 지구에서 쏘는 레이저가 방출하는 광자들 중 10만 조의 1개 정도만이 몇 초에 한 번씩 되돌아오고, 이것을 대형 망원경이 고감도의 광도계로 감지한다. 아폴로 실험은 인류가 오랫동안 찾아 헤매던 답을 알려 주었다. 지구에서 달까지의 거리는 연중 시기에 따라 달라지지만 평균적으로 약 38만4,400km다. 그리고 밀리미터 수준까지 정밀하게 측정하는 이 도구를 통해 또 하나의 놀라운 발견이 이루어졌다. 바로 달이 지구로부터 1년에 3.8cm씩 멀어지고 있다는 사실이다!

76

아폴로 달 텔레비전 카메라

달에 첫발을 내딛는 장면을 찍다

1969년

1969년 7월 21일, 우주비행사 닐 암스트롱은 달 표면에 첫발을 내딛음으로써 지구 이외의 천체에 도달한 최초의 인류가 되었다. 그는 9개의 가로대가 붙은 철제 사다리를 타고 내려간 후 끈에 달린 고리를 잡아당겨 장비 상자를 열고 텔레비전 카메라를 작동시켰다. 당시 지구에 있는 6억 명 이상의 사람들이 시청한 조악한 방송 화면은 제대로 알아보기 힘들 정도였다.

촬영에 사용된 웨스팅하우스의 흑백 비디오카메라는 크기 28×18×8cm, 무게 3kg짜리였다. 약 7와트의 전력으로 작동했으며 낮에는 121℃, 어두운 곳에서는 영하 157℃까지 내려가는 달의 극단적인 기후에서도 작동하도록 설계되었다. 또한 매우 어두운 달의 표면을 초당 약 1프레임의 속도로 천천히 스캔할 수 있고, 무엇보다 영상 신호의 대역폭을 700kHz로 유지해 달착륙선의 S주파수대 안테나로 송신할 수 있었다.

우주의 혹독한 환경, 달의 조명 조건, S주파수대 전송이라는 제약을 고려해 특별히 설계된 이 카메라는 텔레비전 방송에 적합하지 않았다. 그래서 달에서 온 영상 신호를 NASA의 국제 관측소에서 받아 특수 모니터에 띄운 뒤 그것을 일반적인 텔레비전 카메라로 다시 찍어야 했다. 그 결과 우주비행사들의 형체가 유령처럼 흐릿하게 보이는 저화질의 영상이 방송된 것이다. 이 역사적인 영상이 촬영된 지 약 12분 후,

우주비행사들은 삼각대 위에 비디오카메라를 설치해 착륙 지점의 파노라마 영상을 촬영했다.

한편 아폴로 11호의 착륙 지점을 찍은 역사적인 사진들은 모두 전문가급 핫셀블라드 스틸 카메라로 촬영된 것이다. 우주비행사들은 이 카메라를 사용해 낯선 풍경의 고화질 사진을 수백 장 찍었다.

암스트롱이 달에 첫발을 내딛는 장면을 촬영한 사진은 영상만큼이나 화질이 안 좋았지만 우주탐사의 역사에서 가장 상징적인 이미지 중 하나로 남아 있다. 그 기록은 불완전하더라도 커다란 의미를 지닌다.

▲ 닐 암스트롱의 '작은 한 걸음'이 텔레비전에 중계되고 있을 때 아폴로 11호의 달착륙선 쪽에 설치돼 있었던 아폴로 달 텔레비전 카메라.

▶ 닐 암스트롱이 달에서 내디딘 첫걸음이 텔레비전 방송으로 나오는 장면.

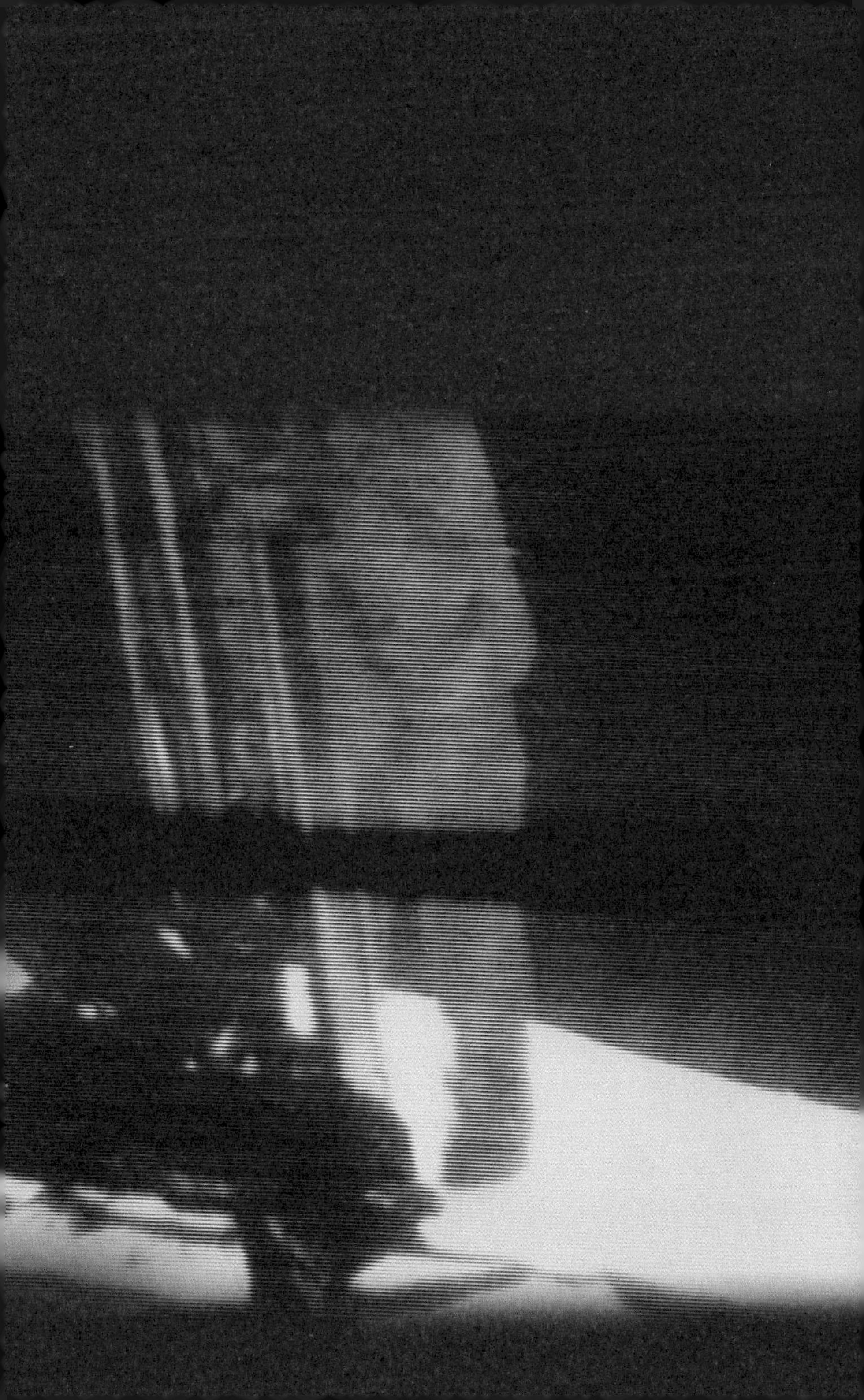

77

홈스테이크 금광의 중성미자 검출기

최초의 중성미자 검출기

1970년

전자, 중성자, 양성자는 현대 핵물리학 분야에서 익숙한 개념이다. 중성자가 발견된 것은 1932년이지만 1920년대의 방사성 붕괴 연구 결과는 이미 또 다른 아원자 입자의 존재를 암시하고 있었다. 특정한 방사성 동위원소의 불안정한 핵이 붕괴해 안정된 상태로 바뀌면서 그 과정에서 전자를 방출한다는 사실은 이미 알려져 있었다. 예를 들면 방사성 동위원소인 탄소-14는 붕괴해 질소-14가 되면서 전자를 방출한다. 이러한 반응이 일어나려면 탄소 핵의 중성자 하나가 질소 핵의 양성자로 바뀌어야 한다.

1930년에 이러한 베타 붕괴를 연구하던 오스트리아의 이론물리학자 볼프강 파울리는 붕괴 과정에서 소실된 에너지를, 훗날 중성미자라고 불리게 되는 새로운 입자가 가져가는 것이라는 아이디어를 냈다.

태양 에너지가 수소의 열핵융합으로 만들어진다는 사실이 밝혀지자 과학자들은 곧장 태양이 중성미자의 주된 방출원일 것이라고 짐작했다. 이 중성미자를 검출하는 것은 태양과 항성 에너지의 근원이 정말 수소의 융합인지를 한 번 더 테스트하는 일이었다. 1960년대 후반, 천문학자 존 바콜과 레이먼드 데이비스는 각각 계산과 실험 설계를 맡아서 독특한 중성미자 검출기를 만들었다.

◀ 연구자가 지하 깊은 곳에 설치된 중성미자 검출기의 거대한 퍼클로로에틸렌 탱크를 내려다보고 있다.

이 검출기는 흔히 드라이클라닝 세제로 쓰이는 퍼클로로에틸렌을 10만 갤런 용량의 탱크에 채운 것이었다. 그리고 이 탱크를 미국 홈스테이크 금광의 지하 약 1.6km 깊이에 묻었다. 염소-37의 핵이 태양에서 오는 중성미자를 흡수하면 아르곤-37의 핵으로 바뀐다. 이 방사성 아르곤 원자를 모아 측정해서 매초 탱크 안에 들어온 태양 중성미자 수를 계산했다. 그런데 몇 년간의 측정으로 얻은 중성미자 수가 예상치의 3분의 1밖에 되지 않았다.

물리학계는 중성미자에 대한 기존의 지식을 다시 검토해야만 했다. 그러다 2001년, 중성미자 진동 현상이 발견되면서 태양으로부터 지구로 오는 중성미자가 도중에 다른 종류의 중성미자로 바뀌는 과정을 설명할 수 있게 되었다. 데이비스의 실험에서 예상치의 중성미자를 모두 검출할 수 없었던 것은 그 때문이었다. 뮤온 중성미자와 타우 중성미자를 모두 포함시켜 계산하자 오차가 사라졌다.

중성미자가 왜 그렇게 중요할까? 별이 에너지를 만드는 방식을 이해하고 14억 년 전 우주가 형성된 직후의 순간을 연구하는 데 도움을 줄 단서이기 때문이다. 데이비스는 중성미자 연구로 2002년 노벨 물리학상을 수상했다.

현재 여러 대의 중성미자 검출기가 가동 중이다.

78

루노호트 1호

또 다른 세계를 방문한 최초의 로봇

1970년

로봇을 이용한 행성, 위성, 소행성 탐사는 사람을 직접 우주로 보내는 것보다 비용이 덜 든다. 사람에게는 식량, 물, 공기, 기압 상태를 조절할 수 있는 우주선이 필요하다. 때문에 만약 로봇 기술이 완벽해진다면 유인 프로그램보다 훨씬 적은 비용으로 온갖 천체를 탐사할 수 있을 것이다.

NASA가 아폴로 계획으로 우주비행사들을 달에 보내는 데 성공한 지 얼마 안 됐을 때인 1970년 11월 10일, 소련은 루나 17호를 발사해 달에 흔적을 남겼다. 루나 17호 안에는 루노호트 1호라는 탐사차가 실려 있었다. 탐사차의 역할은 착륙선에서 내려 1년 중 대부분의 시간 동안 약 8.4km를 이동하면서 조사를 하는 것이었다. 1973년에는 그 뒤를 이은 루노호트 2호가 4개월간 37km를 이동해 8만 장이 넘는 이미지를 전송했다. 1993년, 루노호트 2호는 미국 뉴욕의 소더비 경매장에서 6만8,500달러에 낙찰되어 최초로 개인이 소장한 태양계 우주선이 되었다.

이 탐사차들은 길이 약 2m에 욕조 형태를 하고 있으며, 밤에도 온도를 유지하기 위해 방사성 동위원소 히터를 갖추고 있었다. 8개의 바퀴는 독립적으로 움직일 수 있었지만 진공 상태와 급격한 온도 변화 속에서도 기어와 모터가 돌아가게 하기 위해 특수한 윤활제를 사용해야 했다. 이 두 탐사차가 수명을 다한 위치는 오랫동안 미스터리로 남아 있었는데 2010년, 2m의 분해능으로 달 표면을 찍기 위해 발사된 NASA의 달 정찰 궤도선이 이 로봇들을 찾아내 사진을 찍었다.

루노호트가 달 표면을 누비고 다닌 이후 총 4대의 탐사차가 화성 표면에 착륙하는 데 성공했지만 달은 다시 방문하지 못했다. 그러다 2013년 12월 14일, 중국의 탐사차 위투가 달에 도달했다. 그리고 2019년 1월 3일에는 위투 2호가 달의 뒷면에 착륙해 그곳에서 운행한 최초의 차량이 되었다.

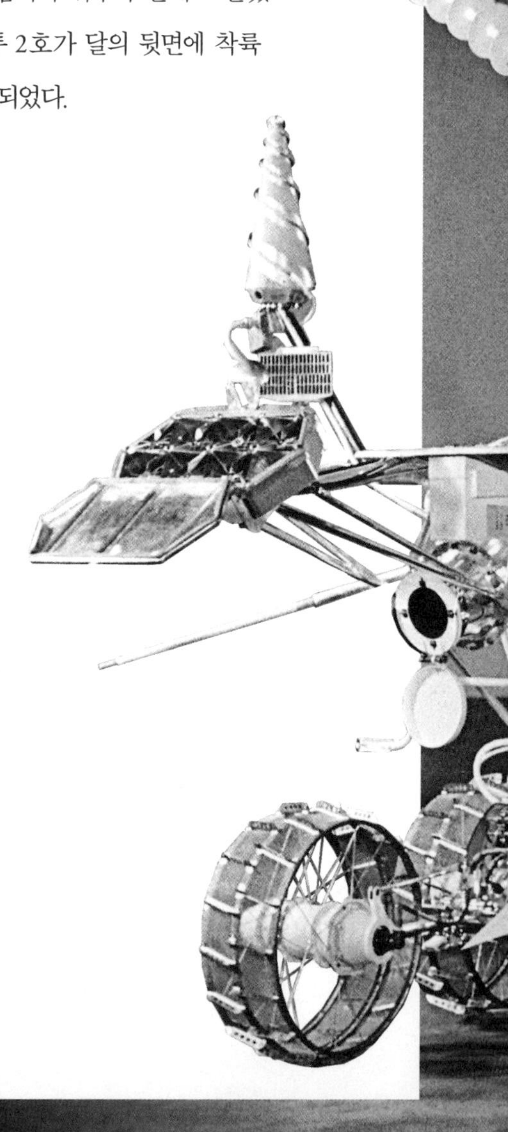

79

스카이랩의 운동용 자전거

우주에서 건강을 유지하는 법

1973년

수십 년간 과학 소설에서 묘사된 것과 달리 우주에서 일하고 생활하는 데는 유성 폭풍이나 태양 폭발과는 거리가 먼 또 다른 위험이 존재한다. 지구에서 300만 년간 진화해 온 인류는 우주의 극미 중력 상태에서 생활하는 데 적응되어 있지 않다. 이 사실이 명확해진 것은 1965~1967년 사이에 제미니 4호, 5호, 7호의 우주비행사들, 그리고 1970년에 소유즈 9호의 우주비행사들이 '우주비행 골감소증'이라고 불리는 가벼운 골감소증을 겪고 있는 것이 밝혀지면서부터였다. 골감소증 외에도 피가 상체에 쏠리는 증상이나 '우주 멀미'로 인해 현기증과 구토를 겪는 등의 생리학적 부작용이 나타났다.

1973년 5월 14일 발사된 스카이랩은 지구 저궤도에 유인 실험실을 설치하기 위한 첫 시도였다. 새턴 IB 로켓을 이용해 우주비행사들을 교대로 스카이랩에 올려 보내서 그들이 우주 환경에 적응하는 과정을 의학적으로 연구할 목적이었다.

스카이랩 이전에 가장 오래 유인 비행을 하는 데 성공한 우주선은 제미니 7호(14일)와 소유즈 9호(18일)였다. 스카이랩 3호의 승무원들은 1974년 2월에 임무가 종료될 때까지 84일을 우주에서 생활했다. 스카이랩에는 운동용 자전거와 일종의 원심성 운동 기구인 '슈퍼 미니-

◀ 스카이랩.

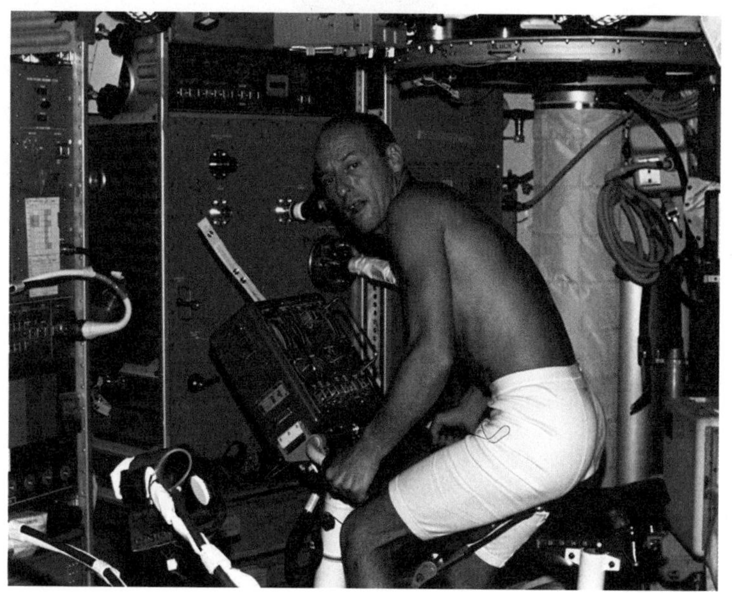

▲ 스카이랩에서 우주비행사 피트 콘래드가 자전거로 운동을 하고 있다.

짐(Super Mini-Gym)'이 설치돼 있어 우주비행사들의 신체 단련을 장려했다.

스카이랩은 태양 관측 분야에서 과학적으로 큰 성과를 거뒀을 뿐 아니라 우주에서의 장기 체류가 인간의 몸에 미치는 영향에 대해서도 대단히 많은 지식을 얻을 수 있게 해 주었다.

80

레이저 지구역학 위성

지구의 진짜 모습을 발견하다

1976년

17세기, 아이작 뉴턴은 지구가 완벽한 구형이 아니라고 처음 주장했다. 그리고 18세기에 이는 사실로 밝혀졌다. 지구는 태양과 달의 중력에 의해 편구(扁救) 형태로 찌그러져 있다. 한마디로 공을 위아래로 압축한 모양이다. 이는 정확한 지도가 있어야 안전하게 바다를 건널 수 있는 항해사들에게 중요한 정보였다. 19~20세기에 과학계는 더 정확한 지구의 형태를 파악하는 일에 매달렸다. 그러나 지구 표면에서 육지와 바다를 측량하는 것만으로는 한참 부족했다. 그 후 1960년대에 우주 탐사가 시작되고 위성 기술이 발달하면서 지구 측량에도 혁신이 일어났다.

지구 주위를 도는 위성은 위치에 따라 받는 중력이 달라지기 때문에 고도가 조금씩 높아지거나 낮아진다. 무선 또는 레이저 신호의 타이밍을 통해 이 고도 변화를 추적함으로써 지구 표면의 형태를 추정할 수 있다.

1976년에는 이러한 측정을 목적으로 하는 최초의 위성인 레이저 지구역학 위성(LAGEOS)이 발사되었다. 그리고 1992년에는 NASA가 이탈리아 우주국과 합작해 LAGEOS-2를 발사했다. 두 위성 모두 알루미늄을 씌운 황동 소재의 구체로 지름 18cm에 질량은 406kg, 446kg이었다. 각각 426개의 코너 큐브 재귀 반사체로 덮여 있어 거대한 골프공처럼 보였다. 지상에서 각 위성에 조준한 레이저 펄스는 관측소로 다시 반사된다. 빛의 속도는 초속 30만km라는 지식을 바탕으로 그 타이밍 차이를 통해 고도를 알아낼 수 있었다. 이러한 측정을 수백만 회 거친 끝에 지구의 형태를 몇 센티미터 오차 내로 파악할 수 있었고, 그에 따라 지구의 극지방은 납작하고 적도 부분은 불룩한 형태라는 것을 증명할 수 있었다.

이 데이터를 통해 밝혀진 더욱 흥미로운 사실이 있다. 바로 지구의 중력장이 대륙의 땅덩어리와 대양의 분지 전체에서 불규칙하게 달라진다는 것이다. 데이터를 모델링하자 다소 알아보기 힘든 형태가 나왔는데, 이것은 시각화를 담당한 연구팀의 이름을 따서 '포츠담 중력 감자(Potsdam Gravity Potato)'라고 불리게 되었다. 미세한 고도 차이를 수천 배로 확대함으로써 불규칙성을 강조해 만든 과장된 형태의 지구본이었다.

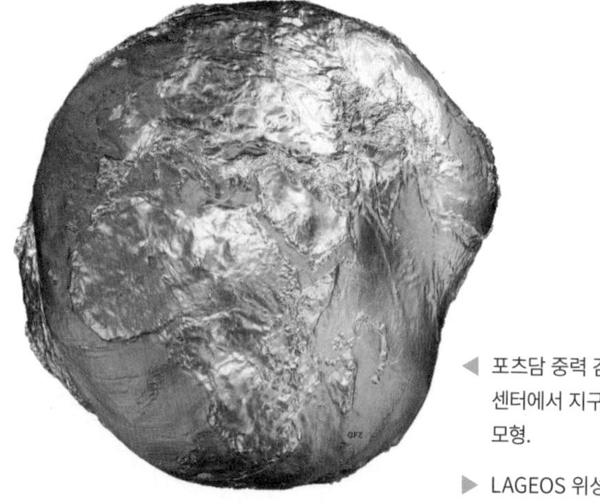

◀ 포츠담 중력 감자 : 독일 지구과학 연구센터에서 지구의 중력장을 시각화한 모형.

▶ LAGEOS 위성 중 하나.

81

스무트의 마이크로파 복사계

빅뱅 우주론의 확증

1976년

1976~1978년 미국의 천체물리학자 조지 스무트는 지구가 우주 공간을 이동할 때 우주 마이크로파 배경 복사와 관련해 생기는 변화를 관측하려고 시도했다. 이 복사선은 빅뱅의 흔적으로 전파 파장에서만 관측할 수 있다.

스무트는 1976년, U-2 정찰기에 마이크로파 차분 복사계(마이크로파 파장의 전자기 복사를 측정하는 도구)를 탑재해 관측했다. 그리고 이 역사적인 연구를 통해 우주는 균일하게 팽창하고 있으며, 무엇보다 회전하지 않는다는 사실이 밝혀졌다. 이 복사계는 NASA가 1989년 빅뱅의 흔적을 파악하고 분석하기 위해 발사한 우주 배경 탐사선(COBE)의 전신이었다.

스무트가 사용한 고감도의 마이크로파 수신기에 달린 2개의 창은 정확히 6도 떨어진 거리에서 하늘을 향하고 있었다. 그리고 2쌍의 나팔형 안테나를 사용해 각각 33GHz, 54GHz의 주파수를 관측했다. 33GHz를 관측하는 더 큰 안테나 쌍은 성간 기체와 이온화된 플라스마로 가득 찬 은하에서 방출되는 빛을 최소화하기 위한 것이었다. 54GHz를 관측하는 더 작은 안테나 쌍은 비행기가 고도 2만m 이상을 비행할 때 상층 대기의 불규칙성을 감시했다. 이 두 관측 방향 사이의

◀ U-2 정찰기에 탑재된 마이크로파 차분 복사계.

▲ 우주 마이크로파 배경의 불규칙성을 나타낸 지도.

강도 차이를 이용해 많은 간섭원들을 상쇄시키고 오로지 은하의 운동에 의해 발생하는 약한 잔여 신호만 남길 수 있었다.

이 장치로 우주 마이크로파 배경과 관련된 은하의 운동을 측정하는 데 성공했다. COBE 우주선은 같은 기술을 더욱 정교하게 발전시켜 활용했다. 역시 마이크로파 차분 복사계(DMR)라고 불리는 이 장치를 사용해 우주 마이크로파 배경의 불규칙성을 나타낸 지도를 만들 수 있었다. DMR 지도는 그 자체로 빅뱅 이론을 확증하는 결정적 증거였다. NASA의 윌킨슨 마이크로파 비등방성 탐색기(WMAP)와 유럽 우주국의 위성 플랑크(Planck)에도 같은 장치가 탑재되면서 정밀 우주학의 시대가 열렸다.

82

바이킹호의 샘플 채취용 로봇 팔

다른 행성의 표면을 탐사하는 로봇

1976년

1966년, 서베이어 계획의 우주선이 달에 처음 착륙한 이후로 과학자들은 언제나 행성의 표면을 찌르고 구멍을 파서 광물 샘플이나 화학 분석을 할 수 있는 표본을 얻고 싶어 했다. 그러나 우주의 혹독한 환경을 견딜 수 있는 모터와 윤활제를 갖춘 로봇 팔을 설계하기란 쉬운 일이 아니었다.

서베이어 착륙선에는 간단한 삽이 달린 접이식 팔이 전부였다. 만일 이 장치가 작동에 실패하더라도 달 표면에 무사히 장비를 내려, 주변 환경의 사진을 찍는 것만으로도 주된 임무는 성공이었다. 하지만 1976년, 바이킹 계획의 목표는 과거보다 훨씬 더 복잡하고 까다로웠다. 연장 가능한 로봇 팔로 화성의 흙을 몇십 그램 정도 퍼내 선내의 화학 실험실로 옮기는 일이었다.

NASA에서 표면 샘플러 수집기(SSAA)라고 부르는 이 로봇 팔의 앞부분은 최대 3m까지 연장돼, 카메라 시스템이 사전에 찍어 둔 위치에 도달할 수 있는 간단한 장치였다. 그리고 목표 지점에 닿으면 '표면 샘플러 수집기 헤드'라고 부르는 약 20cm 길이의 다목적 삽으로 구멍을 파 지표면 아래의 오염되지 않은 흙을 몇십 그램 정도 떴다. 이렇게 얻은 샘플은 재빨리 화학 실험실 입구로 옮겨야 했다. 그리고 샘플러를 회전하고 진동시켜 작은 알갱이들을 걸러 냈다.

아쉽게도 화성의 토양에서는 유기 물질의 흔적이 발견되지 않았다.

하지만 실험실에서 얻은 데이터의 후속 연구는 그러한 평가에 다시 의문을 품게 했다. 수백 개의 샘플을 분석한 결과 화성 표면의 화학 조성은 기존의 생각보다 훨씬 더 복잡했다. 그리고 거기서 나온 유기적 과정의 증거를 적어도 지금은 완전히 배제할 수 없다.

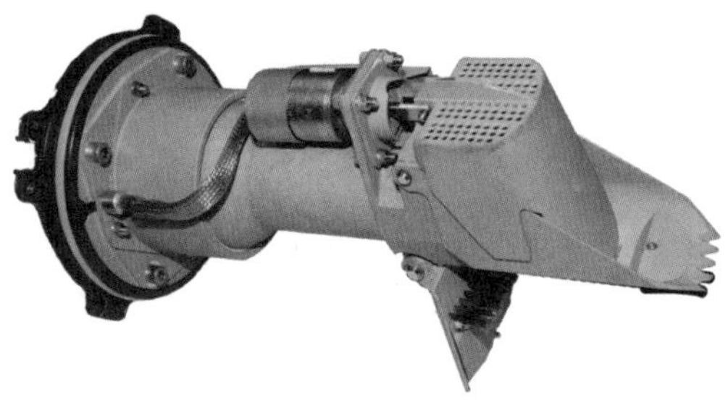

▲ 화성 착륙선 바이킹호의 표면 샘플러 수집기 헤드.
미국 NASA 랭글리 연구 센터에 보관돼 있다.

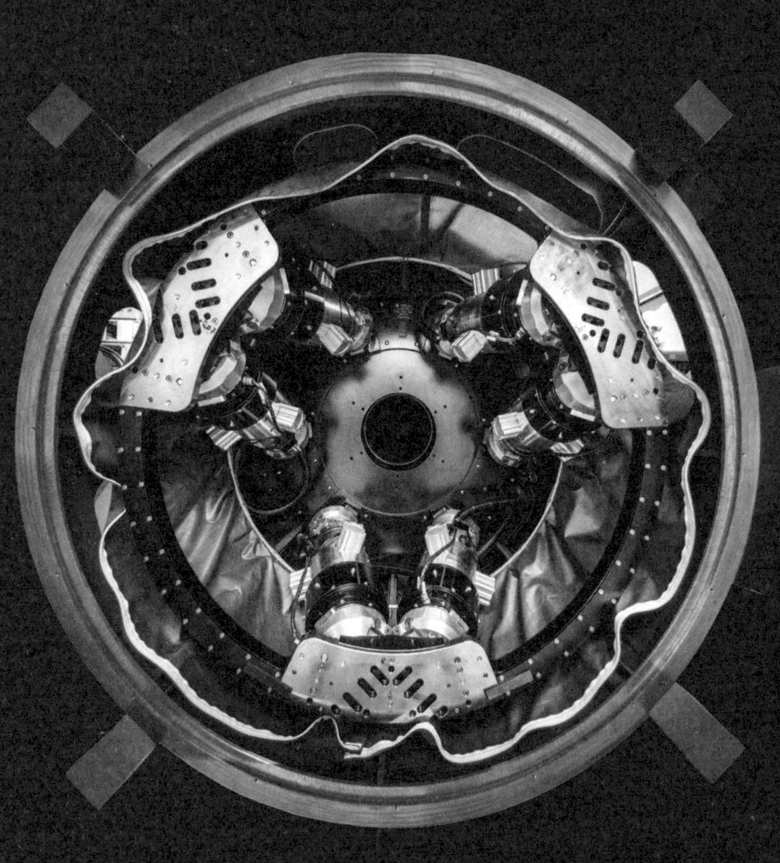

83

고무 거울

적응 광학계를 사용한 망원경

1977년

변화무쌍하고 불규칙한 지구의 대기를 별빛이 통과하면서 생기는 반짝임은 수백 년 동안 천문학 연구의 골칫거리였다. 이 반짝임은 점처럼 보이는 별의 위치가 밀리초 단위로 바뀌기 때문에 발생한다. 이러한 왜곡 때문에 완벽하게 설계된 망원경으로 별이나 달의 미세한 부분 혹은 화성의 표면을 관찰해도 이미지가 변화하거나 희미해지거나 사진이 흐릿하게 나온다. 이 현상을 해결할 방법은 세 가지가 있는데 그중 두 가지는 까다롭고 나머지 한 가지는 상대적으로 쉽다.

가장 쉬운 방법은 빠르게 연속 사진을 찍어서 각 이미지가 천체의 위치 이동을 따라가도록 하는 것이다. 이 방법을 사용하려면 매초 수백 장의 이미지를 찍어야 한다. 그런 다음 잘 나온 이미지만 남기고 각 이미지의 위치를 동일하게 조정해 합치는 것이다. 사진의 노출 시간이 매우 짧기 때문에 태양, 달과 몇몇 행성 등 아주 밝은 천체에만 사용할 수 있는 방법이다. 성운이나 은하 같은 희미한 천체에서는 충분한 빛이 나오지 않는다. '반짝임 억제(Scintillation Suppression)'라고 불리는 이 방법은 실제로는 그다지 효과를 발휘하지 못했다. 오히려 더 까다로운 두 가지 방법이 놀라운 성과를 거두었다.

그 두 가지 방법 중 첫 번째의 예는 허블 우주 망원경이다. 성가신

◀ 칠레 북부에 있는 초거대 망원경의 세부. 얇고 변형 가능한 거울이 보인다.

지구의 대기보다 훨씬 높은 곳에 망원경을 설치하는 것이다. 다만 이 방법은 비용이 많이 들고 현재 지상에서 가동 중인 거대 망원경들에 비해 크기가 작은 망원경에만 적용할 수 있다.

두 번째 방법은 적응 광학계를 사용하는 것이다. 1953년, 미국의 천문학자 호러스 배브콕이 처음 제안한 방법이다. 빛이 난기류를 통과할 때는 망원경에 잡히는 상의 일부가 살짝 다른 경로를 따라 초점에 도달하면서 위상이 변화할 수 있다. 이러한 위상 변화가 흐릿한 이미지의 원인이다. 배브콕이 제안한 방법은 변형이 가능한 거울을 사용해 이러한 왜곡을 상쇄시키는 것이다.

초기에 배브콕의 이론을 발전시키는 데는 미군도 한몫했으나 가장 중요한 진전을 이뤄 낸 주인공은 노벨상 수상자인 실험 물리학자 루이스 앨버레즈와 그의 팀원들이었다. 1977년, 이들은 배브콕의 제안대로 상을 보정하는 장치인 '고무 거울'을 만들었다. 미국의 물리학자 프랭크 크로포드를 포함한 팀원들은 쉽게 휘어지는 이 고무 거울을 장착하고 작동하는 망원경을 개발해, 실제로 별 관측에 사용할 수 있다는 사실을 증명했다.

이것은 시대를 앞서간 아이디어였다. 20년이 지난 후, 이 이론은 천문학 분야에 사용할 수 있을 만큼 정밀한 기술까지 뒷받침하게 되었다. 오늘날, 완벽하게 초점이 맞는 상이 형성될 때는 망원경으로 들어오는 전자기파의 위상이 상 전체에서 일치한다. 그런데 난류 때문에 대기 중에서 전자기파가 이동하는 경로가 달라지면 망원경에 도착하는 파동의 위상이 어긋난다. 이때 망원경의 작은 보조 거울의 형태를 1초에 1,000번씩 물리적으로 조정함으로써 위상 오차를 상쇄시킨다. 그 결과 대기의 반짝임이 보정돼 완벽하게 위상이 일치하는 이미지가 만들어진다. 밝은 천체와 희미한 천체 모두에 사용할 수 있는 이 기술은 망원경의 성능을 최대한 발휘할 수 있게 해 준다.

주요 천문대에서는 모두 적응 광학계를 사용하고 있다.

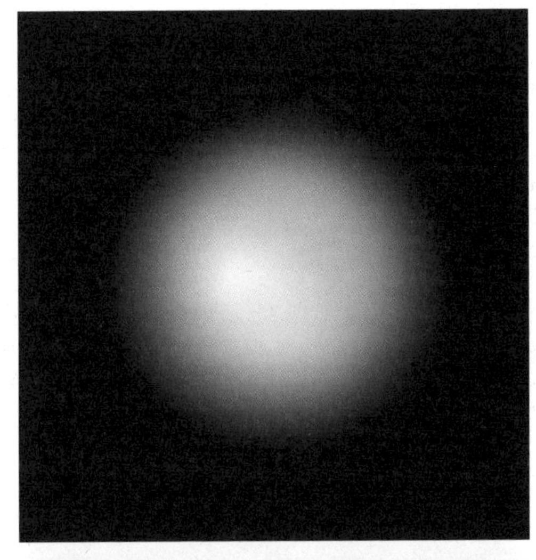

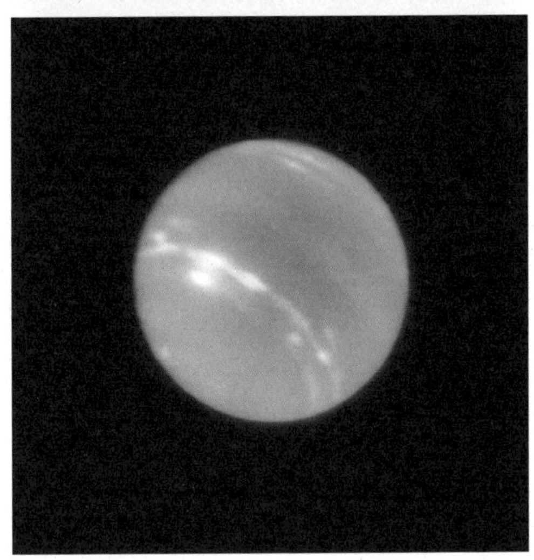

▶ 유럽 남방 천문대의 초거대 망원경 MUSE/GALACSI 장비로 얻은 해왕성 이미지.

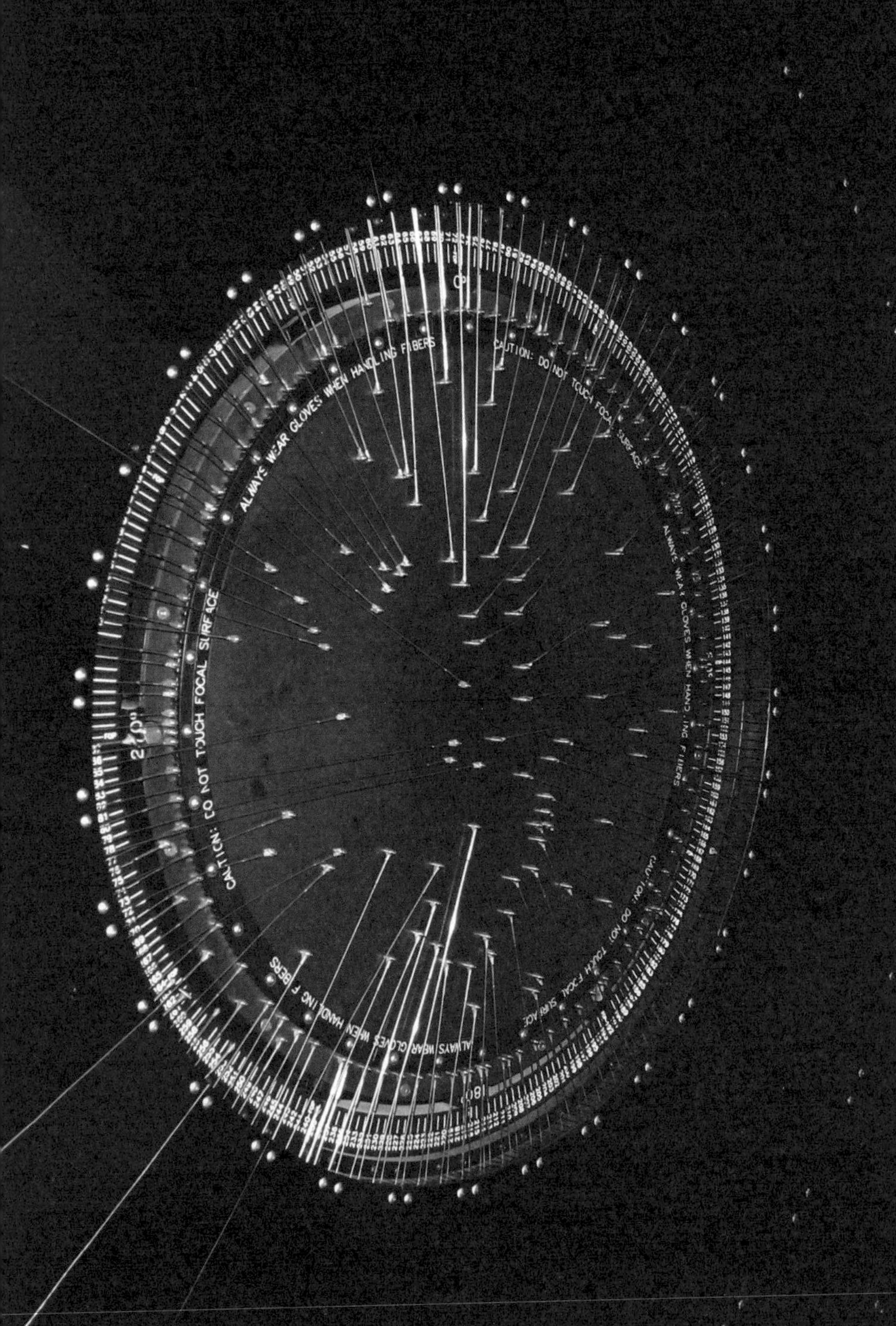
ALWAYS WEAR GLOVES WHEN HANDLING FIBERS
CAUTION: DO NOT TOUCH FOCAL SURFACE
ALWAYS WEAR GLOVES WHEN HANDLING FIBERS
CAUTION: DO NOT TOUCH FOCAL SURFACE
ALWAYS WEAR GLOVES WHEN HANDLING FIBERS
CAUTION: DO NOT TOUCH FOCAL SURFACE
ALWAYS WEAR GLOVES WHEN HANDLING FIBERS
CAUTION: DO NOT TOUCH FOCAL SURFACE
0
270
180

84

다섬유 분광기

100개의 은하를 한 번에

1978년

수십 년간 천문학자들은 고해상도의 분광 데이터(분산된 전자기 방사선의 지도)를 한 번에 한 천체에서만 얻을 수 있었다. 낮은 해상도에서 한 번의 긴 노출로 별들이 있는 영역 전체의 사진을 찍을 수 있는 시스템도 있었지만, 화학적 분석을 위해 스펙트럼을 세세하게 분해하려면 별빛을 개별적으로 분광기에 통과시켜야 했다. 문제는 여러 천체로부터 오는 빛이 서로 섞이지 않도록 분광기에 통과시키는 것이었다. 그리고 이 문제는 1970년대 통신업계에서 고품질의 광섬유가 개발되면서 해결되었다.

1978년, 미국 애리조나 대학의 천문학자인 로저 앤절과 대학원생들은 이 새로운 광섬유의 품질을 테스트하기 위해 90cm 망원경으로 관측한 퀘이사 3C 273의 빛을 20m의 광섬유를 통해 분광기로 이동시켰다. 결과는 희망적이었다. 그로부터 1년 후, 최초로 '메두사'라는 이름의 20m 광섬유 분광기가 개발되었다. 이것은 각 광섬유를 은하단 에이벨 754 내에 있는 8개 은하의 위치에 맞춰 배치한 것이었다.

이 기술이 개발된 초기에 천문학자들은 하늘에서 관심이 가는 영역을 사진으로 찍은 후 금속판에 각 천체의 위치에 맞는 구멍을 뚫어야 했다. 망원경의 초점면 위에서 찍은 사진과 정확히 같은 배율로 관찰할

◀ 미국 국립 광학 천문대의 히드라 다섬유 분광기.

위치였다. 이 과정에 시간이 많이 소모돼서 보통 관측 전까지 몇 주가 걸렸다. 그런 다음 금속판을 망원경의 초점면에 장착하고 각 구멍마다 하나의 광섬유 케이블을 접착하거나 기계적으로 부착했다. 그리고 이 케이블을 망원경의 분광기와 연결했다. '플러그-플레이트 기술'이라고 불리는 이 작업은 매우 번거로웠지만 천체 10여 개의 스펙트럼을 동시에 관측할 수 있었다. 1980년대에는 이 번거로운 과정의 대부분이 자동화되었다. 오늘날 대형 천문대에는 이런 다천체 분광기들이 언제든 사용할 수 있도록 준비돼 있어서 하룻밤에 400개 이상의 천체를 한꺼번에 관측할 수 있다.

분광학 분야의 역사적인 발전이 없었다면 지난 20년간 이루어진 은하 연구는 불가능했을 것이다. 그중에서도 가장 압도적인 규모의 연구에 속하는 슬론 디지털 전천 탐사(Sloan Digital Sky Survey)는 1998~2008년 미국 아파치 포인트 천문대에서 시작되었다. 이곳에서는 2.5m 망원경에 분광기를 장착해 한 번에 640개, 매일 밤 약 6,000개에 가까운 은하를 관측할 수 있다. 이 프로젝트는 심우주의 구조를 이해하는 데 중요한 돌파구를 제공해 준다.

◀ 여러 개의 섬유를 사용해 빛을 히드라 광파장 분광기의 단일 슬릿에 통과시켜 얻은 약 100개 별의 스펙트럼.

85

베네라 착륙선

금성 표면의 탐사

1981년

1961~1983년 소련은 궤도선, 대기 탐사선, 착륙선 등 총 16대의 우주선을 금성으로 보냈다. 베네라 7호부터 14호까지는 관측 도구를 금성 표면에 내리는 데 성공했다. 가장 오래 살아남은 우주선은 베네라 13호로 배터리가 떨어져 작동이 멈추기 전까지 2시간 이상 버텼다.

1966년에는 베네라 3호가 금성에 추락해 최초로 다른 행성과 충돌한 인공 탐사선이 되었다. 베네라 5호와 6호는 낙하산으로 하강하면서 1시간 조금 안 되는 시간 동안 대기 데이터를 전송했다. 1970년에는 베네라 7호가 화성 표면에 도달해 23분 분량의 데이터를 전송함으로써 다른 행성에 착륙한 최초의 탐사선이 되었다. 1975~ 1978년 발사된 베네라 9호, 10호, 11호, 12호는 무게가 2~5톤에 달하는 거대한 착륙선들이었다. 베네라 9호와 10호는 사진을 찍으며 1시간 가량 살아남았다. 베네라 11호와 12호는 100분쯤 데이터를 전송했지만 카메라 렌즈 덮개가 고장 나는 바람에 지구로 전송된 이미지는 없었다. 1981년에 발사된 마지막 착륙선 베네라 13호와 14호는 각각 127분, 57분간을 버티며 금성 표면의 사진을 촬영했다. 금성의 표면 온도는 400℃가 넘고 대기압은 지구 대기의 90배(1,300psi)나 되기 때문에 애초에 과열되기 전까지 30분 이상 버틸 것으로 예상되는 착륙선은 없었다. 하지만 각 우주선 모두 금성을 이해하는 데 도움을 주었다.

베네라 9호, 10호, 13호, 14호가 보낸 왜곡된 사진들 속에는 지평선

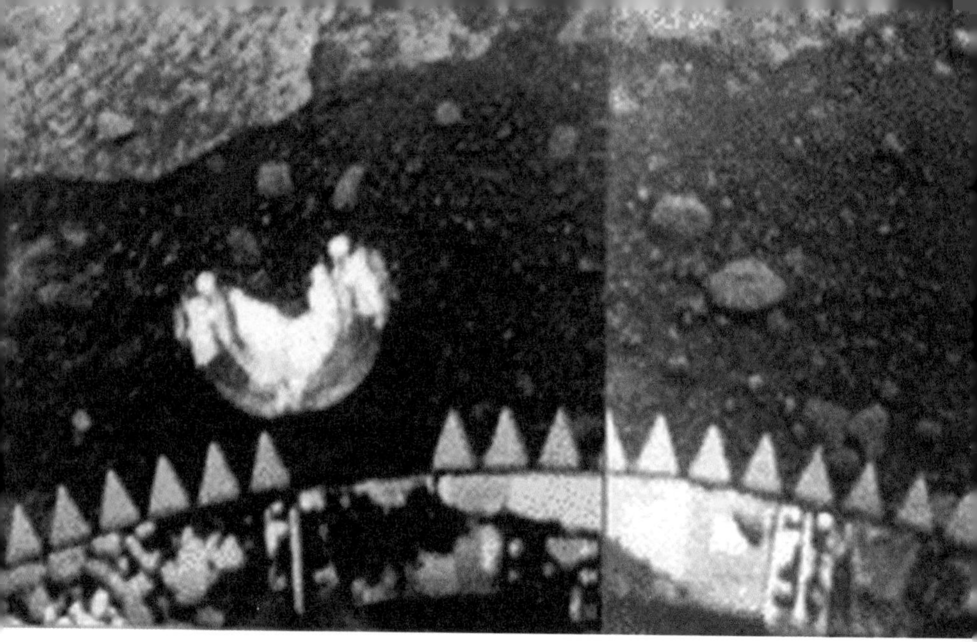

까지 펼쳐진 둥근 자갈과 평평한 바위가 희미하게 보였다. 다만 주로 아래쪽을 향한 카메라의 시점으로 찍혔기 때문에 지평선처럼 보이는 지점은 사실 착륙선에서 수십 미터 정도밖에 떨어져 있지 않았다.

금성에서 우주선을 작동할 때의 기술적인 문제는 어마어마하다. 베네라 착륙선은 1960~1970년대의 평범한 전자공학 기술로 만들어졌다. 여기에 포함된 실리콘 집적회로는 250℃가 넘으면 이상이 생기기 시작한다. 금성 표면에 도달하면 착륙선을 적극적으로 냉각할 수 없었다. 무거운 냉각 장치를 사용하려면 추가적인 에너지원이 필요했다. 또한 배터리도 과열되면 망가진다. 최근 NASA는 금성의 극한 환경에서도 오랫동안 작동이 가능한 실리콘 카바이드 기반의 전자 장치와 배선을 개발했다. 미래에 다시 금성에 가게 된다면 차세대 착륙선은 구식 베네라보다 훨씬 더 나은 성능을 발휘할 것이다. 금성에서 머물 수 있는 시간이 조금 더 늘어났을 때 그곳에서 또 무엇을 발견하게 될까?

▲ 베네라 13호가 촬영한 이미지.

▲ 베네라 착륙선의 모형.

86

챌린저호의 파손된 오링

사소한 부품이 부른 역사적 참사

1986년

흔히 오링이라고 불리는 둥근 고무 링을 처음 발명한 사람이 누구인지는 확실하지 않다. 처음 특허를 등록한 사람은 1896년 스웨덴의 J. O. 룬드베리였다. 그러나 토머스 에디슨도 1882년부터(특허 번호 264,653) 자신의 전등에 '고무 마개'라는 이름의 비슷한 장치를 사용했다. 덴마크의 기계 기술자 니엘스 크리스텐센도 1937년 미국에서 이 장치로 특허(특허 번호 2,180,795)를 출원했다. 금속 피스톤과 함께 사용할 유압 밀폐재를 만들 방법을 찾던 그는 시행착오 끝에 고리 형태의 고무 개스킷에 윤활유를 바르고 압축하면 완벽하게 작동한다는 사실을 발견했다.

처음 발명한 사람이 누군지는 몰라도 오링은 오늘날 정원의 호스와 수도꼭지부터 우주선 설계와 핵물리학에 이르기까지 다양한 분야에서 사용되고 있다. 가장 작은 오링의 지름은 겨우 0.1mm로 의료 기기에 사용된다. 고체 로켓 부스터의 각 부분을 밀폐하는 데 쓰이는 가장 큰 오링은 지름이 3.7m 이상에 달하기도 한다. 보통은 아무 문제 없이 작동하기 때문에 아무도 이 부품에 크게 신경을 쓰지 않는다. 주목을 받는 것은 문제가 생겼을 때뿐이다. 지금까지 오링이 가장 중대한 이상을 일으켰던 때는 우주비행 역사상 최악의 참사였던 우주왕복선 챌린저호 사고가 발생한 1986년 1월 28일이었다.

◀ 우주왕복선 고체 로켓 부스터 내의 검은 고무 오링.

▲ 1986년에 발생한 챌린저호 사고.

챌린저호가 발사된 날의 기온은 고체 로켓 부스터의 각 부분을 연결하는 커다란 오링의 작동 한계보다 훨씬 낮았다. 오링 중 하나가 추위에 탄성을 잃으면서 부스터 안에서 타오르는 불길을 막던 밀폐 상태가 무너졌다. 불꽃이 밖으로 빠져나와 연료 탱크로 번지면서 불길이 강력해졌다. 그 과정에서 우주왕복선은 부스터 로켓과 연료 탱크로부터 분리되었으며 주변의 공기력을 이기지 못하고 여러 조각으로 부서졌다. 승무원실은 대서양으로 추락해 그 안에 탑승했던 일곱 명의 우주비행사는 모두 사망했다.

이 비극은 우주비행이 얼마나 복잡한 일인지를 상기시킨다. 모든 요소가, 심지어 오링처럼 특별할 것 없어 보이는 부품까지도 중요한 역할을 담당하기에 하나도 빠짐없이 제대로 작동해야 성공할 수 있다.

87

코스타

허블 우주 망원경을 새롭게 바꾼 장치

1993년

천문학자들은 수십 년간 '모든 망원경의 어머니'라고 부를 수 있는 거대한 망원경, 구경 1m 이상 되는 망원경을 우주로 보내 멀고 희미한 천체를 관측하고 싶어 했다. 지상의 망원경은 지구 대기의 난류로 인해 생기는 별들의 반짝임 탓에 제대로 식별이 불가능하기 때문에 우주야말로 진정한 천문학 연구를 할 수 있는 완벽한 무대로 여겨져 왔다. 1990년 4월 24일, 소원이 이뤄졌다. NASA가 지름 2.4m의 거대한 반사경을 장착한 '허블 우주 망원경'을 발사한 것이다. 이 망원경은 약 3년에 한 번씩 정비와 부품 교체를 통해 천문학자들의 변화하는 요구와 꾸준한 기술 발전에 발맞출 수 있도록 설계됐다.

그런데 허블은 생각대로 작동하지 않았다. 처음 보내 온 이미지들은 초점이 맞지 않았다. 곧 장치를 어떻게 움직여도 제대로 초점을 맞출 수 없다는 사실이 분명해졌다. 이미지의 흐릿함이 변화하는 방식을 분석해 보니 반사경 자체에 '구면수차'라는 광학적 결함이 있었다. 이것은 곡면의 거울이 초점을 맞춘 빛을 광축상의 서로 다른 지점으로 보내는 현상을 뜻한다.

조사 결과 주 반사경을 제작한 회사에서 시험 장치를 조립할 때 렌즈 하나의 위치가 1.3mm 어긋났다는 사실이 밝혀졌다. 궤도에서 주 반사경을 교체하는 것은 불가능했기 때문에 대신 코스타(COSTAR, Corrective Optics Space Telescope Axial Replacement)라는 우주 망원경 광축 대체 광학 보정 장치를 만들어 1993년, 첫 번째 정비 임무(STS-61)를 맡은 우주왕복선에 실어 보냈다. 그리고 허블 망원경의 광시야 및 행성용 카메라(WFPCE, Wide Field and Planetary Camera)를 코스타가 장착된 업데이트 버전(WFPC2)으로 교체했다. 허블이 찍은 아름다운 이미지들은 그 이후에 촬영된 것들이다.

▼ 코스타에 포함된 5쌍의 작은 보정용 거울은 빛을 보정해 미광 천체 카메라, 미광 천체 분광기, 고다드 고해상도 분광기 등 허블의 다른 장치들로 보낸다.

▶ 허블의 대표적인 사진인 '창조의 기둥'.
뱀자리에 있는 독수리 성운(메시에 16)을 촬영한 것이다.

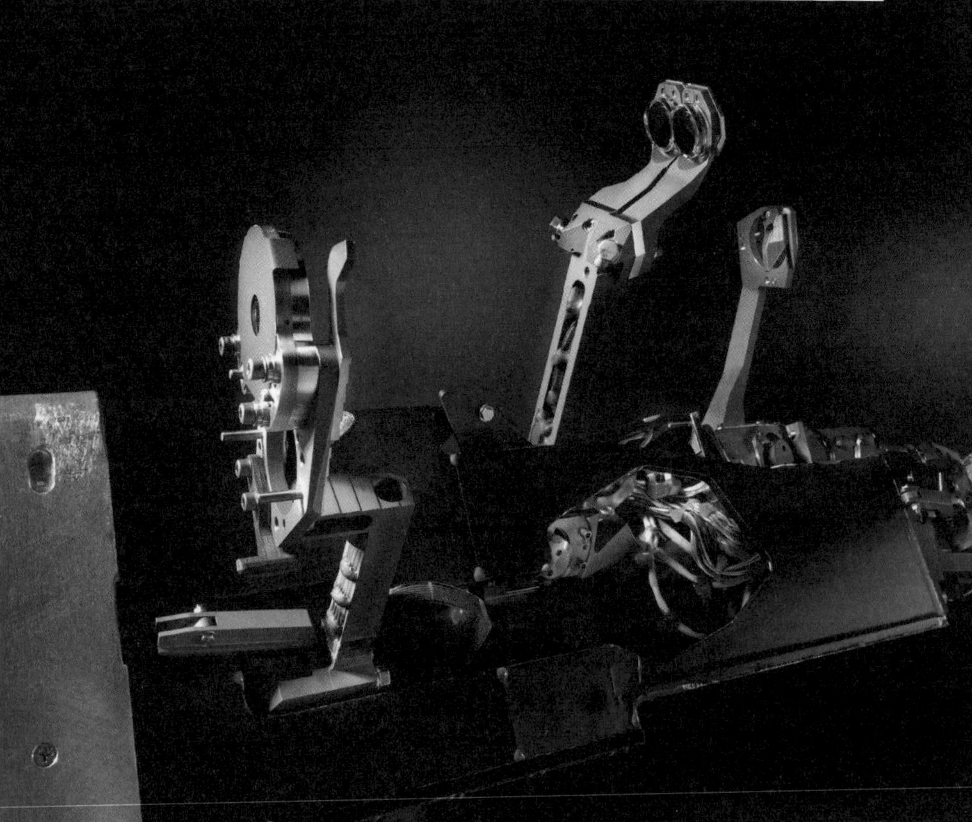

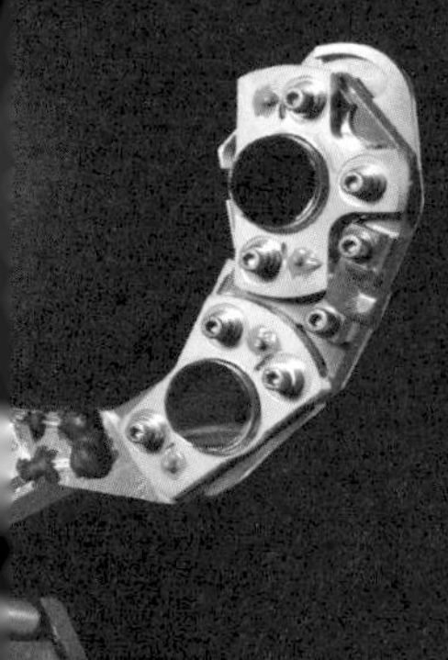

88

CMOS 센서

초정밀 천체 이미지

1995년

수십 년간 특히 선호된 고체 촬상 장치는 1969년에 발명된 전하 결합 소자(CCD)였다. 1980년대에 CCD는 상용 캠코더에 널리 쓰였다. 1975년에 코닥 사의 공학자 스티븐 새슨이 개발한 최초의 디지털카메라는 사실 CCD 이미지 장치였다. 한편 1963년부터 상보성 금속 산화막 반도체(CMOS, complementary metal-oxide semiconductor)라는 기술이 마이크로프로세서, RAM 메모리 등 디지털 회로를 구성하는 집적회로를 만드는 데 사용되기 시작했다. 1980년대에 소비자용 컴퓨터 시장이 급격하게 성장하면서 CMOS는 크기가 큰 저전력 RAM에 주로 사용되는 기술이 되었다.

이러한 상업적 발전을 토대로 NASA의 에릭 포섬이 이끄는 연구팀은 우주선용 소형 저전력 이미지 센서의 개발에 CMOS를 활용할 방법을 모색했다. 포섬이 1990년대 초 개발한 액티브 픽셀 센서(Active Pixel Sensor)는 저전력·저소음으로 더 깨끗한 이미지를 얻을 수 있다는 점에서 기존의 CCD보다 뛰어났다. 또 다른 중요한 발전도 있었다. 이미지 센서를 함께 설치되는 CMOS 부품과 동일한 칩으로 제조할 수 있어서 하나의 칩에 필요한 이미지 장치를 모두 담은 소형 카메라를 만들 수 있었다. 이로써 제조 시간과 비용이 획기적으로 절감되었다.

포섬이 최초의 CMOS 이미지 센서를 만드는 데 성공했지만 NASA는 여전히 CCD만 사용하고 CMOS를 도입하지 않았다. CMOS 이미지 장치의 상업적 가능성을 발 빠르게 내다본 포섬은 동료인 사브리나 케메니와 함께 이 기술에 직접 투자하기로 결정했다. 두 사람은 1995년에 포토비트 사를 설립하고 NASA로부터 CMOS 기술의 면허를 받았다. 1998년, 포토비트는 자신들의 첫 번째 디지털카메라 칩 PB-159를 개발해 시장에 내놓았다. 그리고 얼마 후 개발된 두 번째 칩인 PB-100은 인텔 이지 PC 카메라, 웹캠, 로지텍 퀵캠의 핵심 부품이 되었다. 이 카메라 덕분에 PC 화상 회의가 주류가 되었으며, CMOS 이미지 장치가 미래라는 확신이 업계에 퍼지게 되었다. 포토비트는 훗날 마이크론 사에 인수되었다. 2013년이 되자 매년 10억 개가 넘는 CMOS 이미지 장치가 생산되었다. 요즘은 모든 스마트폰에 탑재되는 부품이기도 하다.

NASA 대부분의 우주선은 계속 CCD 이미지 장치를 사용하고 있다. CMOS는 NASA에서 필요로 하는 만큼의 높은 성능을 갖추지 못했기 때문이다. 그러나 CMOS는 우주 기술이 일상생활에서도 사용될 수 있음을 보여 주는 전형적인 예다. 우리는 우주 프로그램으로부터 탄생한 기술을 주머니 속에 넣고 다니고 있다!

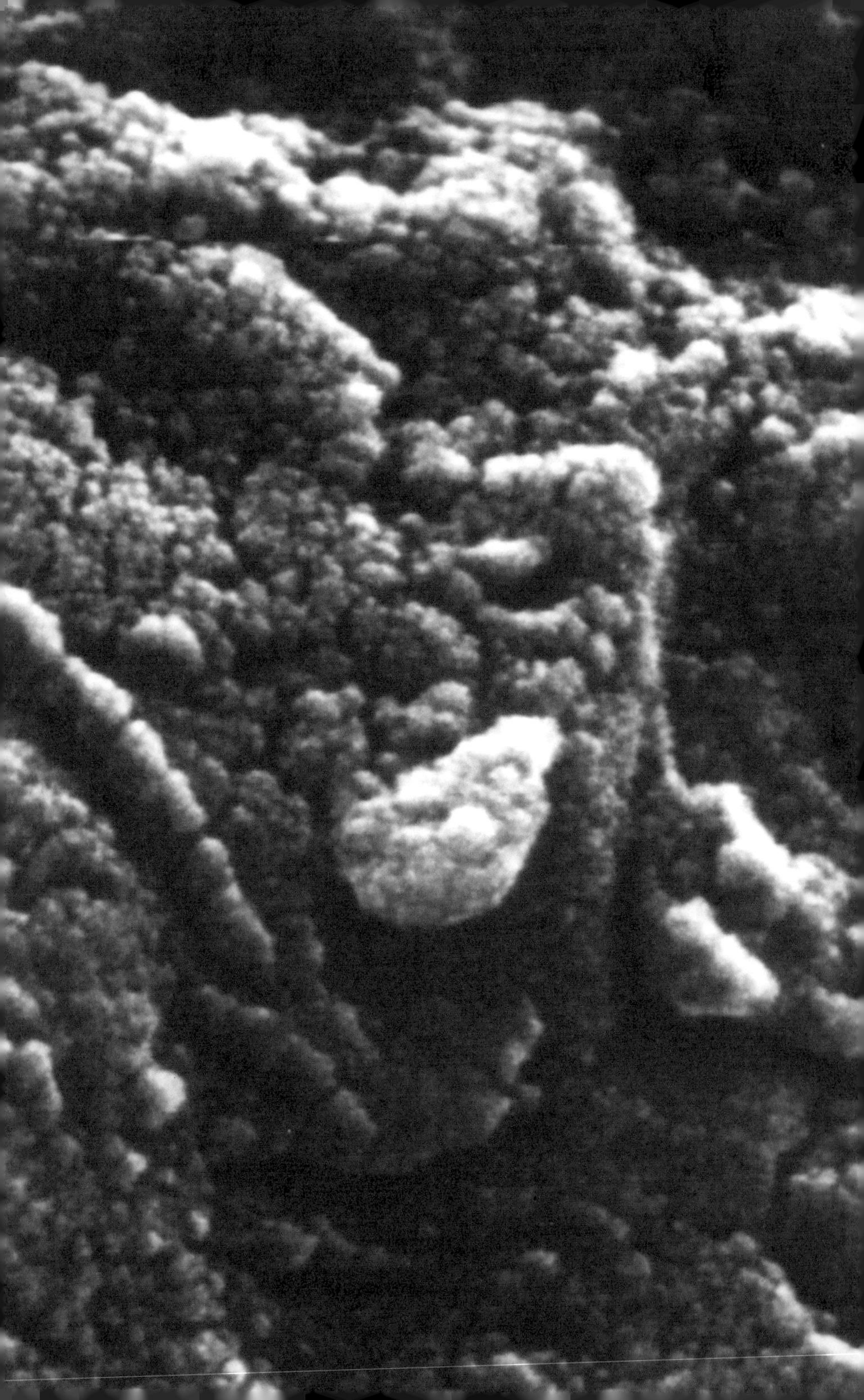

89

앨런 힐스 운석

외계 생명체 탐색의 본격화

1996년

1996년 8월 6일, NASA의 과학자 데이비드 맥케이는 1984년 남극에서 발견한 ALH84001이라는 운석에서 화성 미생물의 증거를 찾았다고 발표했다. 그는 분절된 형태의 나노박테리아와 비슷한 미세하고 길쭉한 물체를 발견했다. 이 발표가 준 충격은 대단해서 당시 대통령이었던 빌 클린턴이 다음 날 백악관 기자회견에서 언급했을 정도였다. 하지만 이 발견을 미심쩍게 여기는 시선도 많았다. 《코스모스》(사이언스북스, 2006)의 저자로 유명한 천문학자 칼 세이건의 말대로 "특별한 주장에는 특별한 증거가 필요"한 법이다.

방사성 연대 측정법으로 무게 약 2kg짜리 운석의 각 부분을 집중적으로 조사한 결과, 복잡한 기원을 추정할 수 있었다. 약 1,700만 년 전 화성 표면에서 떨어져 나온 이 운석은 약 1만3,000년 전 남극에 충돌했으며 얼음 속에 묻혀 있다가 다시 바깥에 노출된 후 1984년에 발견된 것이었다. 성분을 분석한 결과 40억 년 이상 된 돌이었고, 화성에 상당한 양의 물이 있던 시절에 형성된 것이었다. 약 36억 년 전, 탄산염 광물을 함유한 일종의 유체, 아마도 물이었을 것으로 추정되는 물질이 화성암의 균열로 흘러 들어갔고, 그 과정에서 여러 개의 미화석(微化石, 현미경으로 관찰·연구되는 아주 작은 화석)이 형성 또는 침전된 것으로 보였다.

◀ 45억 년 된 화성의 운석 ALH84001. 생물학적 과정 없이 만들어진 유기 탄소 화합물이 발견된 10개의 운석 중 하나다.

미화석의 지름은 약 20~100나노미터밖에 되지 않았다. DNA를 갖는 일반적인 바이러스 입자보다 훨씬 작지만 RNA로만 이루어진 바이러스보다 작지는 않은 크기였다. 그러나 여러 후속 연구를 통해 이것은 생명체에서 비롯된 것이 아니라 지질학적 과정으로 생겼을 가능성이 높다는 결론이 내려졌다.

화성에 생물이 있다는 확실한 증거가 나온 것은 아니지만 이 운석의 발견으로 외계 생명체 탐색에 대한 인류의 태도는 완전히 바뀌었다. 그 전까지 외계 생명체를 찾는 일은 허황된 환상에 불과했지만 그 후에는, 특히 NASA에서도 타당한 근거가 있는 연구 분야로 받아들이게 되었다. 주된 관점 변화 중 하나는 우리가 생명체를 봐도 그것을 식별하지 못한다는 사실을 깨달은 것이다. 그리하여 극한 환경에 사는 세균을 연구하고 생명체를 탐지하기 위한 프로그램들이 시작되었다. 이것이 착륙선 등의 활발한 개발로 이어졌고 결국 정교한 화학 실험실을 갖춘 현재의 큐리오시티에 이르렀다. 운석 ALH84001은 태양계 너머 외계 행성, 목성과 토성의 위성 표면에 존재하는 물의 발견 등의 토대가 되었다. 언젠가 이러한 연구를 통해 우주의 다른 곳에서 화석화된 생명체, 혹은 살아 있는 생명체가 발견될지도 모른다.

◀ 전자현미경 분석 결과 화성 운석 ALH48011의 탄산염 입자 내부에서 나노박테리아로 보이는 것이 발견되었다.

90

소저너

로봇을 이용한 화성 탐사의 시작

1997년

1997년 7월 4일, 바퀴가 달린 이동식 카메라 탐사차 소저너가 패스파인더 착륙선에 실려 화성의 아레스 협곡에 착륙했다. 다른 행성에 착륙한 최초의 탐사차였다. 지구에 있는 공학자들이 제어하는 이 11kg 짜리 표면 탐사 로봇은 그 후 83일간 약 100m를 이동하며 화성 표면의 이미지 550장을 전송했다. 그동안 근처에 있던 패스파인더는 1만 6,000장 이상의 이미지를 보냈다.

소저너에는 3개의 카메라가 달려 있었다. 앞쪽에는 2대의 흑백 카메라, 뒤쪽에는 1대의 컬러 카메라였다. 2대의 흑백 카메라에는 484×768픽셀의 CCD 이미지 어레이가 장착돼 있었다. 각 카메라의 무게는 약 42g이고 렌즈 구경은 4mm로 오늘날 일반적인 스마트폰 렌즈 정도의 크기다.

화성에 착륙한 후 패스파인더 착륙선은 소저너에서 보낸 이미지를 받아 지구로 전송했다. 전송된 데이터는 총 287메가바이트였다. 인간의 망막보다 조금 낮을 뿐인 해상도의 이 극적이고 역사적인 사진들은 완전히 새로운 관점에서 화성의 모습을 보여 주었다. 과학적으로도 중요한 의미가 있었다. 그 사진을 통해 화성의 기후가 한때는 지금보다 더 따뜻하고 습했다는 사실이 밝혀졌기 때문이다.

소저너는 획기적인 탐사차였지만 그 뒤에 숨겨진 기본적인 기술은 분명 구식이었다. 소련의 달 탐사 로봇인 루노호트가 달 표면에서 주행

한 것은 1970년대 초였다. 하지만 화성에서 탐사차를 작동하는 일에는 문제가 있었다. 루노호트는 지구에서 실시간으로 조종했지만 화성에서는 그렇게 할 수 없었다. 무선 송수신에 각각 20분까지 지연이 발생했기 때문이다. 40분간 혼자 남겨진 탐사차에 어떤 나쁜 일이 일어날지 몰랐다! 그래서 소저너는 지구에 있는 관리자들의 지시 없이도 과학 실험을 할 수 있는 반자율 로봇으로 프로그래밍되었다. 한마디로 로봇공학 분야에서도 획기적인 기술이었다. 인간으로부터 수백만 킬로미터 떨어진 행성의 표면에서, 마치 지질학자처럼 측량하고 지도를 만들고 화학 실험하는 기계였기 때문이다!

91

중력 탐사선 B

일반 상대성 이론의 검증

2004년

중력 탐사선 B(GP-B)는 알베르트 아인슈타인의 일반 상대성 이론에 속하는 중요하지만 입증되지 않은 2가지 예측, 즉 측지 효과(공간 자체에 탄성이 있으며 공간이 팽창해 입자의 회전으로 생성되는 에너지를 흡수할 수 있다는 이론)와 틀 끌림(공간 안에서 회전하는 물체가 시공간의 일부를 함께 끌고 간다는 이론)을 시험하기 위해 NASA가 2004년 4월 20일에 발사한 위성의 이름이다. 실험 방법은 지구 상공 640km의 궤도를 돌면서 정확히 북극과 남극 위를 지나는 위성에 4개의 자이로스코프를 탑재하고, 자이로스코프가 회전하는 방향의 미세한 변화를 정밀하게 측정하는 것이었다. 자이로스코프는 모두 덮개로 덮여 있고, 주변을 둘러싼 위성의 어떤 부분과도 접촉하지 않았는데 이것은 각각의 구체들이 사실상 지구 궤도를 도는 독립된 위성이라는 뜻이었다.

아인슈타인의 일반 상대성 이론에 따르면 자이로스코프의 회전축은 GP-B가 지구 주변의 궤도를 수천 번 도는 동안 각도가 아주 미세하게 변화해야 한다. 그러나 이 미세한 각도 변화를 확실하게 측정하려면 거의 완벽에 가까운 자이로스코프를 만들어야 했다. 그렇게 몇 년간의 노력과 신기술 개발 끝에, 순수한 석영 유리로 만든 3.8cm 지름의 구체를 연마해 높낮이 차이가 원자층 몇 개 이내 수준이 되도록 완벽하게 매끄럽게 만들었다. 기네스 세계 기록에 따르면 인간이 만든 가장 둥근 물체라고 한다! GP-B 자이로스코프를 지구 크기로 확대한다

▲ 자이로스코프 모터와 그 덮개를 근접 촬영한 사진.

면 가장 높은 산의 높이 또는 가장 깊은 해구의 깊이가 겨우 2.4m 정도에 불과할 것이다. 이보다 더 둥근 것은 중성자별뿐이다. 또 다른 놀라운 점은 분당 4,000회의 속도로 회전하는 이 구체를 마찰이 적은 진공의 공간에 놔두면 멈추기까지 약 1만5,000년의 시간이 걸린다는 사실이다.

2011년까지 측정된 틀 끌림 효과는 37.2±7.2밀리각초로 예상치인 39.2밀리각초와의 오차가 5% 이내였다. 측지 효과는 6,602±18밀리각초로 예상치인 6,606밀리각초와의 오차가 0.06% 이내였다. GP-B는 이 중요한 상대적 효과를 가장 정밀하게 테스트한 장비 중 하나였다.

esa

92

라이다

인간의 손길이 필요 없는 자동 도킹

2007년

1960년대 소련의 우주비행사에게는 우주선 조종에 관한 자율성이 크게 허용되지 않았다. 비행 제어의 대부분은 지상의 전문가가 담당했다. 따라서 우주 계획은 자동화된 랑데부(우주선이 우주 공간에서 만나는 것)와 도킹(우주선이 우주 공간에서 결합하는 것) 방식을 적극적으로 추구하기 시작했고 이것이 1967년 10월 30일, 2대의 무인 우주선 코스모스 186호와 188호의 성공적인 도킹으로 이어졌다.

반면 미국은 1966년 닐 암스트롱과 데이비드 스콧이 탑승한 제미니 8호부터 우주비행사가 완전히 수동으로 도킹하는 방식을 사용했다. 제미니 프로그램의 주요 목표 중 하나는 이러한 수동 도킹 기술을 완성해 아폴로 계획에서 달 궤도를 도는 달 탐사 모듈과 사령선의 도킹을 성공시키는 것이었다. 수동 도킹 기술은 나중에 우주왕복선과 국제 우주정거장까지 확대되었다. 하지만 여기에는 단점이 있었다. 위성의 원격 정비나 우주정거장의 재보급에는 사용할 수 없다는 것이다.

수십 년 후 빛 탐지 및 거리 측정, 즉 라이다(LIDAR 또는 LADAR)의 도움으로 NASA는 마침내 자동 방식으로 넘어갈 수 있게 되었다. 라이다는 레이더와 비슷한 방식으로 레이저 펄스(레이더는 전파를 사용한다)를 보내고 그것이 되돌아오는 시간을 이용해 물체의 형태와 거리를 측정한다. 라이다는 2007년 4월, 미국 국방부의 오비털 익스프레스 임무에서 뛰어난 효과를 발휘했다. 오비털 익스프레스는 2대의 우주선으로 이루어져 있었으며, 이 우주선들은 첨단 비디오 유도 센서(AVGS, Advanced Video Guidance Sensor)를 사용한 자율 제어 방식으로 분리와 재결합을 할 수 있었다. AVGS는 레이저로 목표물을 비춰 사진을 찍고 목표물에 고정된 재귀 반사 장치를 사용해 도킹 대상의 접근 위치와 속도를 파악하는 라이다 시스템의 일종이었다. 이것은 미국 역사에서 인간의 도움 없이 성공한 최초의 랑데부이자 도킹이었다.

하지만 라이다가 가장 큰 영향을 미친 것은 아마도 시력 교정 분야일 것이다. 오토노머스 테크놀로지 사는 수술 도중 안구의 움직임을 추적하는 장비에 NASA와 함께 개발한 레이저 추적 기술을 적용해 이것을 이용한 새로운 수술 기법을 1998년에 라다비전 커스텀코니어(LADARVision CustomCornea)라는 이름으로 공개했다. 현재 라다비전 추적 시스템은 각막을 수술하는 동안 초당 4,000회 이상의 속도로 안구의 움직임을 정밀하게 추적할 수 있다. 아이러니하게도 NASA는 2007년이 되어서야 우주비행사들이 우주여행에 필요한 시력인 2.0/2.0으로 교정하기 위해 레이저 수술을 받는 것을 허가했다.

◀ 2개의 위성으로 이루어진 오비털 익스프레스.

93

대형 강입자 충돌기

인간이 만든 가장 복잡한 기계

2008년

우주는 물질로 이루어져 있다. 좀 더 자세히 이해하려면 그동안 알아낸 우주 물질의 성질을 조합해 최대한 상세한 그림을 그려야 한다. 이것은 항성의 진화와 빅뱅을 통해 우주가 처음 생성된 시기를 연구하는 데 특히 중요하다. 고에너지 물리학 분야에서는 가속기라고 불리는 거대한 장치를 통해 원자 및 아원자 물질의 자세한 구조가 밝혀졌다.

원자의 내부를 드나드는 아주 작은 입자를 관찰하고 측정하려면 원자 파괴기 혹은 입자 가속기라고 부르는 장치를 사용해 많은 양의 에너지를 아주 작은 공간에 압축시켜야 한다. 알베르트 아인슈타인의 유명한 공식 $E=mc^2$ 덕분에 익숙한 전자, 양성자, 중성자 외에 새로운 입자가 존재한다면 양성자들을 대단히 높은 에너지로 충돌시켜 그것을 만들어 낼 수 있다. 그렇게 하려면 복잡한 장비가 필요하다. 일단 충돌하는 입자들을 빛의 속도에 가깝게 가속해야 하고, 미세한 빔으로 집중시켜 충돌의 빈도를 높여야 한다. 이 충돌 과정의 상세한 분석을 통해 새로운 종류의 입자를 만들고 연구해 물질에 관한 특정 이론을 확증하거나 반증할 수 있다.

대형 강입자 충돌기(LHC, Large Hadron Collider)가 바로 이런 일을 한다. 1998~2008년 여러 물리학 연구소 및 대학으로 구성된 국제 컨소시엄이 건설한 LHC는 지금까지 만들어진 가장 큰 과학 장비인 동시에 지구상에서 가장 큰 기계이기도 하다. LHC가 하는 실험의 목표는 물리학자들이 '새로운 물리학', 즉 우리가 익히 알고 있는 것과는 다른 물리학 원리에 따라 일어나는 현상이 나타날 수 있다고 가정하는 에너지 수준을 돌파하는 것이다. 여러 세대에 걸친 가속기 설계자들과 미국의 페르미 국립 가속기 연구소 등에서 더 낮은 에너지의 실험 기계들을 다룬 공학자들의 경험을 바탕으로 약 9,000개의 초전도 자석으로 이루어진 둘레 27km의 LHC가 스위스 제네바 근처의 약 100m 깊이 지하에 만들어졌다. 하지만 이것은 시작일 뿐이었다. 이 고리 형태의 기계에는 그 지역의 전력망에서 끌어오는 100메가와트의 전기와 냉각을 위한 약 100톤의 액체 헬륨, 그리고 전력과 데이터를 수송하기 위한 약 3,000m 길이의 케이블이 필요했다.

이 기계가 가동되면 양성자들이 빛의 속도의 99.9999%로 가속해 서로 반대 방향으로 순환한다. 원둘레를 따라 몇몇 지점에서 양성자 빔이 모이고, 이 지점마다 작은 집만 한 크기의 거대한 검출기가 충돌 분석을 위해 설치돼 있다. 초당 수백만 번의 충돌이 발생하면서 입자들을 방출하고, 이 입자들이 검출기 안으로 깊숙이 들어가면 그 안의 디지털 전자 장치와 센서들이 입자의 특성을 상세하게 기록한다. 이 충돌로부터 얻는 데이터의 양은 어마어마해서 1년에 2만5,000테라바이트가 넘는다. 이는 거의 실시간으로 전 세계 수백 개의 슈퍼컴퓨터 센터로 보내진다.

2012년에 LHC는 이론 물리학자들이 말하는 표준 모형에 포함되지만 '사라진 입자'였던 힉스 입자(Higgs Boson)를 발견하는 역사적인 성과를 냈다. 2018년 후반에 업그레이드를 위해 가동이 중지되기 전까지 LHC는 13조 볼트(13 TeV)에 달하는 어마어마한 에너지로 표준 모형을 시험하며 물질과 힘에 관한 기존의 이론이 무너지는 위치를 찾았지만 '새로운 물리학'은 발견되지 않았다. 아직까지는.

▲ 42개의 CCD 이미지 장치로 보는 케플러의 관측 시야.

◀ 케플러 186-F를 그린 그림.

94

케플러 우주 망원경

우주에 띄운 세계 최대의 디지털카메라

2009년

여름날 저녁, 마당의 전등 주변에 커다란 나방이 날아다니는 모습을 상상해 보자. 눈앞에 나방이 지나갈 때면 빛의 일부가 가려지면서 살짝 어두워질 것이다. 이 간단한 원리를 이용해 1990년대 후반부터 천문학자들은 다른 항성 주위의 궤도를 도는 행성들을 찾기 시작했다. 그리고 2008년까지 항성면을 통과하면서 그 빛의 일부를 가리는 250개 이상의 외계 행성을 찾아냈다.

별들의 희미한 밝기 변화를 측정하는 기술도 크게 발전하고 있었다. 미국 캘리포니아 에임스 연구 센터의 윌리엄 보루키가 이끄는 천문학 연구 팀이 개발한 새로운 발견 방식은, 디지털 이미지 장치를 사용해 수천 개 별의 밝기를 동시에 측정하는 것이었다. 적절한 크기의 망원경으로 관측한 별 하나의 이미지는 카메라의 관측 시야에서 몇 픽셀을 차지한다. 별의 밝기를 전자적으로 측정한다면 동일한 영역을 반복해서 촬영하면서 몇 분마다 수십만 개 별의 밝기가 변화하는 것을 포착할 수 있으며, 이런 방식으로 천체가 주변 궤도를 돌고 있는 별들을 찾아낼 수 있다.

2009년 3월 7일 발사된 케플러 우주 망원경은 볼 항공우주 사가 만든 우주선 안에 탑재된 관측 시야 12도, 지름 1.4m의 망원경으로 백조자리에 위치한 동일한 영역을 고정 관측하도록 설치돼 있었다. 그리고 정밀 반작용 휠 자이로스코프를 사용해 이 관측을 매일, 매시간 계속했다. 망원경의 초점부에 설치된 첨단 디지털카메라는 지금까지 우주에 발사된 가장 큰 카메라였다. 이 카메라에 장착된 42개의 CCD 이미지 장치는 화소가 각각 2,200×1,024픽셀로 총 95메가픽셀이었다. 이것을 망원경에 설치해 보름달 면적의 약 150배에 달하는 영역에서 15만 개 이상의 별을 추적할 수 있었다.

카메라가 6초에 한 번씩 생성하는 데이터의 양이 너무 많아서 우주선에 전부 저장할 수 없었기 때문에 보관할 정보(전체의 약 5%)를 전략적으로 선택한 후 한 달에 한 번씩 지구로 전송했다. 그럼에도 불구하고 매일 각각의 별을 수백 번씩 측정하면서 광도가 12등급 정도인 희미한 별들의 경우 30ppm 정도에 불과한 밝기 변화를 식별할 수 있었다. 육안으로 볼 수 있는 가장 희미한 별은 6등급이다. 즉 인간이 하늘에서 맨눈으로 볼 수 있는 별들보다 300배는 더 희미한 별들을 관측했다는 뜻이다. 뛰어난 빛 감지 능력을 지닌 케플러의 첨단 카메라는 지구만큼 작은 행성도 모항성의 빛이 흐려지는 것을 감지해 찾아낼 수 있게 해 주었다.

2014년, 케플러는 획기적인 발견을 했다. 다른 태양계에서 발견된 지구 크기의 행성 중 최초로 생명체 거주 가능 영역 안에 있는 것으로 확인된 케플러-186F였다. 이것은 생명의 핵심 요소로 여겨지는 액체 상태의 물이 행성 표면에 모일 수 있을 만큼 모항성과 충분히 거리를 두고 있다는 뜻이다.

2018년까지 케플러는 2,600개 이상의 외계 행성을 탐지하고 그 존재를 확인했다. 찾기는 했지만 아직 확인하지 못한 외계 행성의 수는 약 3,000개에 달한다. 지구와 그 위의 생명체들이 얼마나 특별한지를 알아내기 위해 케플러 망원경은 중요한 역할을 담당했다. 이 망원경 덕분에

▲ 케플러 초점면 어레이.

인류는 지구 외에도 생명체가 거주할 수 있는 행성이 얼마나 많은지 알게 되었다.

케플러가 발견한 지구와 크기가 비슷하고 생명체 거주 가능성이 있는 외계 행성의 수를 기초로, 과학자들은 이론상으로는 생명체, 즉 유기체가 살 수 있는 행성의 수가 수십억 개에 달할 것이라고 추정한다!

95

큐리오시티 탐사차

우주를 탐사하는 놀라운 로봇

2012년

2012년 8월 6일, 정식 명칭은 화성 과학 실험실(MSL, Mars Science Laboratory)인 1톤짜리 탐사차 큐리오시티가 화성 표면으로 내려갔다. 이전에도 화성에 간 탐사차는 3대나 있었지만 큐리오시티는 가장 진보된 형태였다.

300만 명이 넘는 시청자가 캘리포니아의 제트 추진 연구소에서 인터넷으로 스트리밍하는 착륙 영상을 지켜보았다. 이 착륙 과정은 '7분간의 공포'라고 불렸다. 과학자들은 계획한 과정이 성공적으로 시간에 맞춰 진행되는지 초조한 심정으로 지켜보았다. 긴장이 더욱 고조된 이유는 화성과 지구 사이의 거리 때문에 모든 과정이 14분씩 지연 후 전송됐기 때문이다. 하지만 모든 것은 계획대로 진행됐다! 하강 캡슐의 착륙 로켓이 발사되고, 열 차폐막이 분리되고, 낙하산이 펴지고, 약 18m 높이에서 맴돌던 MSL은 게일 크레이터 위로 안전하게 착륙했다.

소형 SUV 크기의 이동식 실험실이자 강력한 측량 장비인 큐리오시티는 바이킹 1호가 화성에 착륙했던 1976년까지 거슬러 올라가는 기나긴 화성 임무에서 가장 최근에 발사된 우주선이다. 큐리오시티는 주변 환경을 초고해상도로 촬영할 수 있고, 암석을 드릴로 파서 얻은 샘플을 화학 실험실에서 처리해 광물과 화합물의 정확한 종류를 알아낼

▶ 큐리오시티가 찍은 자신의 모습.

수 있다. 또한 방사선 및 기체 감지기를 사용해 미래의 천문학자들에게 중요한 정보인 환경 수준을 측정할 수도 있다. 이 모든 장비를 가동하고 거기서 얻은 데이터를 화성 궤도 위성으로 전송해 지구로 보내는 데 필요한 전력은 방사성 플루토늄의 붕괴로 전기를 생산하는 110와트짜리 방사성 동위원소 열전기 발전기(RTG)로부터 얻는다. 큐리오시티는 단 700일만 작동하도록 설계되었지만 2018년 말 기준으로 2,300일간 활동한 후에도 계속 작동했다. 크레이터 바닥을 가로지르며 약 20km를 이동했으며, 4년 동안은 샤프 산(Mount Sharp)이라고 불리는 화성 중앙의 산기슭을 탐사하며 보냈다. 그래도 2004년부터 활동을 시작한 탐사차 오퍼튜니티의 수명을 뛰어넘으려면 아직 많은 시간이 남았다. (오퍼튜니티는 원래 3개월 동안만 작동할 것으로 예상했다.)

큐리오시티에서 가장 눈에 띄는 특징 중 하나인 마스트 카메라는 약 2m 높이에 설치돼 있어 주변 풍경의 파노라마 사진을 찍을 수 있다. 최대 몇 시간 분량의 HD 영상 또는 2메가픽셀짜리 스마트폰 카메라 수준의 고해상도 컬러 사진 5,000장을 찍고 저장할 수 있는 카메라다. 화성의 지질학적 구성 성분과 풍경을 다양하게 촬영한 것 외에도 큐리오시티는 과거에 수천 년간 물이 흐른 적이 있었던 오래된 강바닥의 흔적을 발견했다. 또한 화성 표면의 방사선 수준이 국제 우주정거장에서 우주비행사들이 노출되는 수준보다 크게 높지 않다는 사실도 알아냈다. 또한 생명이 존재하는 데 필수적인 황, 질소, 인과 같은 원소들과 더불어 과거에 게일 크레이터에 넓은 수역이 존재했음을 알려 주는 점토 성분도 찾아냈다. 또한 메탄의 농도가 계절에 따라 달라진다는 사실도 확인했다. 이것의 근원이 유기적인지 무기적인지의 여부는 미래의 탐사차가 탐구해야 할 질문으로 남아 있다.

▼ 화성 과학 실험 임무 중인 큐리오시티. 17대의 카메라 중 7대가 보인다.

▲ 궤도를 돌고 있는 망갈리안의 예상도.

▼ 발사 준비 중인 망갈리안.

96

화성 궤도선 망갈리안

저렴하게 화성 클럽에 가입한 인도

2013년 11월

2013년 11월 5일, 인도 우주 연구 기구(ISRO)는 '망갈리안'이라 불리는 화성 궤도선을 발사했다. 표면상으로는 특별할 것이 없어 보였다. 1960년대부터 위성 발사를 시작한 국가는 인도를 포함해 12개국에 달하기 때문이다. 하지만 이 궤도선이 2014년 8월 24일, 마침내 화성에 도달한 것은 두 가지 면에서 매우 의미 있는 사건이었다. 첫째, 이 우주선을 통해 ISRO는 미국, 유럽, 구소련과 러시아에 이어 네 번째로 화성에 도달하는 데 성공함으로써 이 분야 엘리트 클럽에 합류했다. 게다가 화성으로 발사된 48대의 우주선 중 3분의 2가 임무에 실패한 것을 생각하면 망갈리안은 확실히 놀라운 성과였다.

망갈리안이 특별했던 두 번째 이유는 놀라울 정도로 적은 비용이 들어갔기 때문이다. 우주선 자체의 비용은 겨우 2,500만 달러로 화성에 도달하는 데 성공한 우주선 중 가장 저렴했다. 비용을 절감할 수 있었던 이유는 아주 적은 수의 장비를 탑재하고(겨우 5개였다), 모듈의 부품으로 인도 우주국의 '기성품'을 사용했기 때문이다. 지나치게 많은 테스트를 거치지도 않았기 때문에 우주선을 조립해 비행 준비를 마치는 데 걸린 시간은 겨우 15개월이었다. 당연히 망갈리안의 발사와 성공에 대한 인도인들의 반응은 열광적이었고 결국 그 모습이 2,000루피 지폐의 뒷면에까지 실리게 되었다. 우주선이 궤도 진입에 성공한 후 찍힌 인도 임무통제 센터의 사진에는 색색의 사리를 입고 자축하는 여성

과학자와 공학자들의 모습이 담겨 있었는데, 이것은 성 평등을 위해 싸우는 인도 여성들에게 큰 힘을 실어 준 사건이기도 했다.

연료를 실은 우주선의 무게는 약 1,400kg이었으며, 그중에서 과학 장비의 무게는 15kg밖에 되지 않았다. 태양전지판 3개의 표면적은 약 22제곱미터로 840와트의 전력을 생산했으며, 이 전기는 36암페어시의 리튬 이온 전지에 저장되었다. 지름 2.2m짜리의 접시형 안테나는 지상국들로 이루어진 인도의 심우주 통신망을 통해 지구와 원격 통신을 했다.

망갈리안의 과학적 임무는 타원형 궤도를 돌며 화성 원반 전체의 풀 컬러 사진을 촬영함으로써, 화성 전체의 이미지를 정기적으로 전송하는 유일한 화성 궤도선이 되는 것이었다. 간단한 라이먼 알파 광도계가 탑재돼 있어 화성의 대기에서 빠져나가는 수소와 중수소 기체를 감지해, 과학자들이 화성의 대기 증발로 인해 소실되는 물의 양도 파악할 수 있게 해 주었다. 망갈리안은 NASA에서 훨씬 더 많은 비용(6억 7,100만 달러)을 들여 과학적으로 더 정교하게 만든 우주선인 메이븐(MAVEN)과 협력해 장기간에 걸쳐 화성의 대기를 연구할 계획이다. 또한 열 적외선 영상 분광기로 화성의 표면 온도와 성분을 위치별로 파악해, 이것을 화성 컬러 카메라로 얻은 데이터와 합쳐서 화성 표면의 고해상도 광물 지도를 만들고, 먼지 폭풍과 같은 기상 현상들도 관측하게 된다. 저렴한 우주선이지만 좋은 성능이다. 각국 정부가 우주 계획을 축소하고 예산을 삭감하겠다고 경고하고 있는 상황에서 망갈리안은 주어진 예산을 최대한 활용하는 방법의 좋은 예가 될지도 모른다.

97

3차원 인쇄로 만든 래칫 렌치

우주에서 무엇이든 만드는 기술

2014년

3차원 인쇄는 전문 용어로 적층 제조(Additive Manufacturing)라고 한다. 재료를 빼기보다는 더하는 과정이기 때문이다. 선반에 금속 조각을 올려놓고 필요 없는 부분을 깎아 물건을 만드는 대신 압출한 금속을 층층이 쌓아 올리면서 만든다면 어떨까? 3차원 인쇄 기술은 1981년 플라스틱 부품을 만들기 위해 개발되었다. 그 후로 대중화되면서 가격이 하락해 2018년에는 다양한 기능을 갖춘 컴퓨터 구동형 시스템을 몇백 달러 정도에 구입 가능하게 되었다. 지금은 교육, 취미, 상업적으로도 새로운 응용 분야가 열렸다.

NASA 역시 3차원 인쇄에 관심을 가졌다. 지구에서 만든 물건을 우주로 보내려면 많은 시간과 자원이 소모되는데 3차원 프린터를 사용해 우주에서 만들면 그 단계를 생략할 수 있기 때문이다. 즉, 우주비행사가 국제 우주정거장에서 적당한 인쇄 파일을 업로드하기만 하면 프린터로 교체용 부품과 도구를 제작할 수 있었다. 교체용 부품 비축 문제를 크게 개선할 방법이었다. 비용이 더 적게 들 뿐 아니라 귀중한 공간도 절약할 수 있었다.

2014년, NASA는 지구에서 업로드한 파일을 사용해 우주정거장에서 최초로 프린트하면서 가능성을 시험했다. 프린터의 설계, 제작, 운영을 맡은 메이드인스페이스 사의 노아 폴 진이 설계한 길이 13cm, 너비 3.8cm의 플라스틱 래칫 렌치(Ratchet Wrench)였다. 설계부터 인쇄 승인까지 채 일주일도 걸리지 않았으며 실제 인쇄에 걸린 시간은 겨우 5시간이었다. 몇 달씩 걸리기도 하는 우주정거장의 재보급 과정을 간단한 작업으로 전환한 것이다.

플라스틱이 아닌 항공 우주 부품의 적층 제조는 여전히 초기 단계지만 이 기술은 점점 더 빠르게 발전하고 있다. 2013년에는 스페이스X 사가 만든 슈퍼드라코 엔진의 로켓 챔버가, 비록 지구상에서였지만 3차원 인쇄로 제작되었다. 2014년, 멀린 1D 엔진의 주 산화제 밸브도 마찬가지였다. 항공 산업 분야에서는 2017년에 에어로제트 로켓다인 사가 RL10 로켓의 구리 합금 연소실을 3차원 인쇄로 제작했다. 향후 10년 동안 이 방식으로 로켓엔진과 우주선 시스템의 점점 더 큰 부품을 제작할 수 있을 것으로 예상된다. 어떤 과학자들은 달과 화성 정착지의 시설을 프린터로 만드는 것을 상상하기도 한다.

NASA와 유럽 우주국 모두 3차원 인쇄 기술을 사용해 건물을 제작하는 지상 테스트를 준비하고 있다. 이것은 이동식 시멘트 공장과 비슷한 개념이다. 거주자들이 도착하기 훨씬 전부터 현지에서 구한 인쇄 재료를 접착제로 결합한 뒤 압출해 디지털 설계도에 기초한 다층 건물을 짓는 것이다.

▶ NASA가 우주에서 3차원 인쇄로 만든 최초의 도구인 래칫 렌치의 샘플.

▲ 스페이스X는 멀린과 같은 로켓엔진 부품의 3차원 인쇄를 선도하고 있다.

중력파 간섭계 LIGO

시공간의 물결을 탐색하다

2015년

1915년, 알베르트 아인슈타인은 중력을 시공간의 휘어짐으로 설명하는 일반 상대성 이론을 발표했다. 그리고 이 이론을 바탕으로 질량의 가속으로 인한 중력장의 변화가 공간의 곡률을 변화시키고, 이 변화가 빛의 속도로 퍼져 나가면서 중력파를 발생시킨다는 사실을 깨달았다.

하지만 아인슈타인의 중력파 이론은 그것을 실제로 관측하기 전까지는 그저 이론으로만 남아 있었다. 1960년대에 미국 메릴랜드 대학의 조지프 웨버 교수가 최초의 중력파 검출기를 만들었다. 무게가 각각 1톤이 넘는 알루미늄 실린더 여러 개에 감도가 대단히 높은 변형 측정기를 장착한 장비였다. 적절한 주파수의 중력파가 실험실을 통과하면 하나 이상의 실린더, 혹은 막대기의 길이가 바뀌면서 진동해 변형 측정기가 감지할 수 있도록 설계돼 있었다. 이 방식으로 중력파를 확인하는 데는 실패했지만 웨버의 연구를 계기로 물리학계는 중력파를 찾는 일에 관심을 갖게 되었고, 이것이 점점 더 정교한 검출기의 개발로 이어져 결국에는 월등하게 정밀한 검출기가 만들어졌다.

미세한 거리 변화를 가장 민감하게 측정하는 방법 중 하나는 1887년 미국의 물리학자 앨버트 마이컬슨이 발명한 간섭계를 사용하는 것이다. 이 장치는 먼저 하나의 광선을 '광선 분리기'라는 부분 반사

◀ 미국 루이지애나 주 리빙스턴의 LIGO.

거울로 보낸다. 여기에서 빛의 50%는 원래 광선과 직각으로 배치된 두 번째 거울로 반사되고 나머지 50%는 세 번째 거울을 통과한다. 이렇게 나뉜 2개의 광선 혹은 '팔'은 다시 광선 분리기로 반사되고 그러면 2개의 서로 다른 경로에서 온 빛이 결합되면서 간섭을 일으켜 밝은 영역과 어두운 영역으로 이루어진 패턴이 형성된다. 중력파 간섭계에서는 중력파가 출현할 때 각 팔의 길이가 특정한 방식으로 변화하며, 이것을 시간에 따른 간섭 패턴의 변화로 확인할 수 있다.

1994년, 미국 워싱턴 주의 해체된 핵 시설인 핸퍼드 사이트에서는 레이저 간섭계 중력파 관측소(LIGO, Laser Interferometer Gravitational-Wave Observatory)가, 루이지애나 주 리빙스턴에서는 LIGO와 동일한 쌍둥이 시스템(두 관측소를 동시에 가동하면 주변의 소음원을 제거할 수 있다)의 건설이 시작되었다. 이런 종류의 관측소로는 세계 최대 규모였다. 각 시스템은 4km 길이의 콘크리트 관 두 개로 이루어져 있었으며, 이 관을 통해 이동한 레이저가 거울에 반사되도록 만들어져 있었다. 그리고 이 레이저 또는 '팔'의 길이 변화를 정교한 광학 장치로 양성자 지름의 1만 분의 1 수준까지 측정할 수 있었다. 이것은 지구와 가까운 별인 알파 센타우리까지의 거리를 1mm의 정확도로 측정하는 것과 같은 수준이다.

LIGO가 가동을 시작한 지 얼마 안 된, 그러나 아인슈타인이 중력파의 존재를 예측한 후로는 한 세기가 지난 2015년에 LIGO는 최초로 중력파를 관측하는 데 성공했다. 과학자들은 이것을 2개의 거대한 블랙홀이 광속의 절반 정도 속도로 서로의 주위를 돌다가, 하나로 합쳐져 시공간이 휘어지면서 그 과정에서 방출된 중력파라고 믿고 있다.

2018년 말까지 11개의 중력파가 관측되면서 우주 전체의 중력파 발

▲ 미국 워싱턴 주 핸퍼드의 쌍둥이 LIGO.

원지 목록이 점점 늘어나고 있다. 또한 시간과 공간 안에서 중력파의 형태를 주의 깊게 연구한 결과 중력파 발원의 상세한 모형이 만들어졌다. 가장 간단한 설명, 즉 수신된 펄스의 형태와 정확하게 일치하는 설명은 이 중력파의 대부분이 태양에서 10억 광년 떨어진 연성계에서 블랙홀이 병합되면서 발생했다는 것이다. 아인슈타인이 뛰어난 통찰력을 발휘한 지 오랜 시간이 지난 후 LIGO는 공간이 작동하는 방식에 관한 그의 기념비적인 이론을 확증함으로써, 인류가 우주를 완전히 새로운 방식으로 바라볼 수 있게 해 준다.

99

이중 소행성 경로 변경 실험

소행성 충돌로 인한 멸망을 막는 법

2022년

할리우드는 지나치게 과장된 내용의 영화로 유명하지만 적어도 혜성이나 소행성이 지구와 충돌하는 내용의 영화, 예를 들면 〈딥 임팩트〉나 〈아마겟돈〉, 최근의 〈돈 룩 업〉 같은 작품만큼은 사실에 기반을 둔다. 거대한 천체가 지구와 충돌해 그 위의 생물들을 모두 쓸어 버릴지도 모른다는 생각은 단순히 그럴듯한 상상이 아니다. 실제로 그런 일은 약 6,600만 년 전에 일어났다! 현재 멕시코 지역에 소행성이 충돌해 공룡 시대가 막을 내린 것이다. 또다시 충돌을 일으킬지도 모르는 천체는 그다지 먼 곳에서 찾을 필요도 없다. 태양계 안에 이미 100만 개 이상, 어쩌면 더 많은 소행성이 존재하며 그중 약 2만8,000개는 지구와 가까운 근지구 소행성으로 분류된다. 다행히 그 정도 대규모의 충돌은 극히 드물다. 또한 그런 천체들의 경로는 대체로 예측 가능하며, 기술적으로도 이를 발견하고 추적하는 데 점점 능숙해지고 있다.

그러나 만일을 위한 대비는 아무리 해도 부족하지 않다. NASA가 관리하고 있는 잠재적 위험 천체(지름 140m 이상)의 목록은 현재 약 2,200개가 넘는다. 그중에서도 지구에 충돌할 가능성이 가장 높아 보이는 23개는 '센트리 목록(Sentry Table)'에 올려 특별히 추적하고 있다. 대부분 도시 하나를 파괴할 수 있을 정도로 큰 천체들이다. 가장 우려되는 천체는 아마도 1950 DA라는 이름으로 알려진 지름 약 1.1km의 소행성일 것이다. 한 번 충돌하면 작은 나라 하나를 파괴할 수 있는 규모다.

잠깐 긴장을 풀자. 가장 위험한 23개의 천체가 지구와 충돌할 가능성은 모두 5% 이하이며 대부분은 그 확률이 소수점 수준이다. 1950 DA가 지구를 비껴갈 가능성은 99.988%이고, 지구에 접근할 것으로 예상되는 시기는 2880년이다. 따라서 긴급 대응책을 준비하기에 충분한 시간이 있다. 그런데 어떤 방법이 있을까?

그동안 소행성을 핵폭탄으로 파괴하거나, 인공위성을 발사해 수십 년간 중력을 이용해 끌어당겨서 궤도를 수정하는 방법 등 여러 대비책이 나왔다. 하지만 가장 간단한 아이디어는 또 다른 거대한 물체를 소행성과 충돌시켜 궤도를 바꾸는 것이다. 게다가 이 방법에서 우리는 이미 경험자다! 1960년대 NASA 초기의 레인저 우주선과 2009년의 LCROSS는 달과 충돌했고, 2005년의 딥 임팩트는 혜성과 충돌했다. 그러나 달과 혜성의 구성 물질에 관한 많은 지식을 얻었을 뿐 그 방법으로 그 천체들을 막을 수 있다는 사실을 증명하지는 못했다.

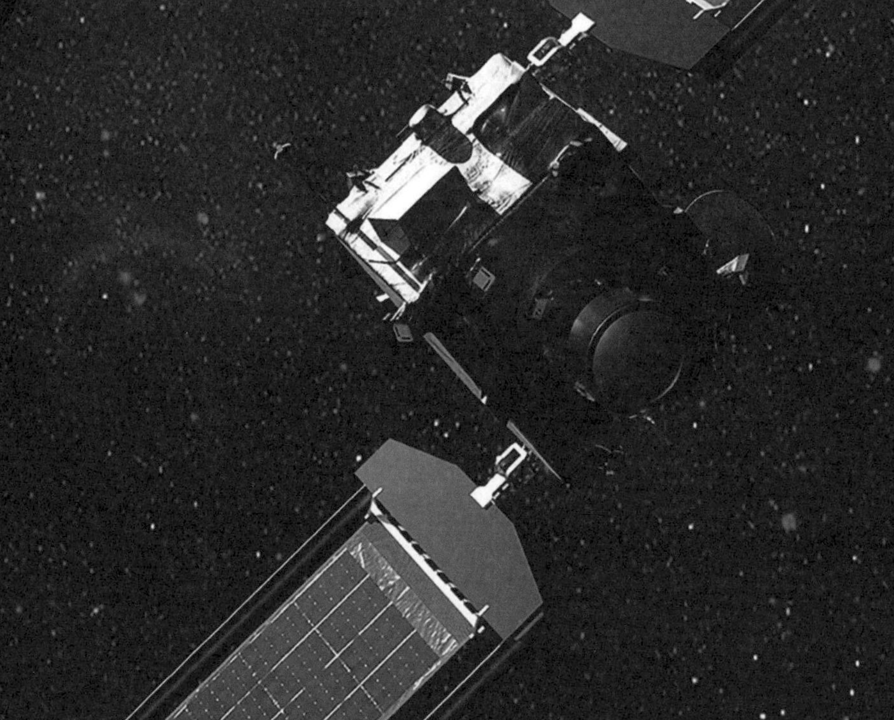

그래서 NASA의 이중 소행성 경로 변경 실험(DART, Double Asteroid Redirect Test)이 계획되었다. 목표는 충돌기(Impactor)를 사용한 소행성 경로 변경의 물리적 과정과 실현 가능성을 시험해 보는 것이었다. 이 경우 위성이 소행성을 들이받을 충돌기 역할을 맡았다. 2021년 11월 23일, 스페이스X의 팰컨 9호 부스터에 실려 발사된 무게 610kg의 이 위성에는 항법 카메라와 이온 로켓엔진, 태양전지판 한 쌍을 제외한 어떤 장비도 실려 있지 않았다. 목표 지점은 근지구 쌍 소행성 디디모스로 1년 안에 디디모스의 작은 위성 디모르포스와 충돌할 계획이었다. 디모르포스의 지름은 160m로 지구를 위협할 가능성이 가장 높은 크기였다. 모래 알갱이가 축구공에 부딪치는 것과 같은 수준의 충돌이지만 디모르포스의 공전 속도를 시속 1.4m 정도 변화시킬 수 있을 것으로 예측되었다.

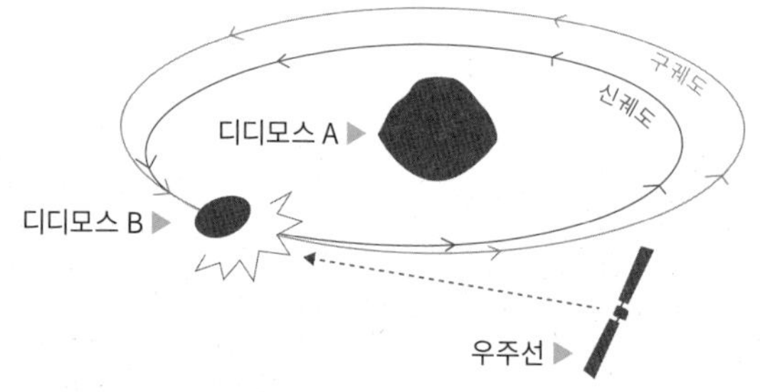

별거 아닌 것처럼 들리겠지만 DART의 목표는 단지 원리를 증명하는 것뿐이다. 만약 이 계획이 성공한다면 면밀한 레이더 도플러 측정과 연구를 통해 위성 궤도의 변화를 감지할 수 있을 것이다. 그렇다면 훨씬 더 큰 충돌기를 사용해 지구를 위협하는 소행성을 피하는 것이 이론상으로 가능하다는 의미가 된다. 할리우드 영화식 결말이 현실이 되는 것이다!

100

제임스 웹 우주 망원경

새로운 발견의 시대가 열리다

2022년

기록에 따르면 이집트 쿠푸 왕의 피라미드를 짓는 데 20년의 시간과 현재 가치로 50억 달러의 비용이 들었다고 한다. 2021년 말, 제임스 웹 우주 망원경을 발사하기까지는 24년의 시간과 108억 달러의 비용이 들었다. 만일 웹 망원경이 목표로 설정된 것의 절반만 달성해도 세계 불가사의 중 하나로 기록될지도 모른다!

웹 망원경이 이토록 대단한 이유는 무엇일까? 망원경은 빛에 민감할수록 더 먼 과거까지 들여다볼 수 있다. 웹 망원경은 혁신적인 기술과 세심한 위치 선정으로 얻은 높은 감도 덕분에 그동안 단지 이론으로만 설명할 있었던 우주의 영역을 엿볼 수 있게 해 준다.

NASA가 만든 가장 큰 우주 망원경인 웹 망원경의 능력을 쉽게 가늠하는 방법은 또 다른 유명한 우주 망원경 허블과 비교해 보는 것이다. 웹 망원경은 허블 망원경이 놓친 적외선도 관측할 수 있도록 설계되었다. 이것은 중요한 능력이다. 왜냐하면 우주의 팽창으로 빛의 파장이 길어지면 일부가 적외선 영역으로 들어가기 때문이다. 이제 웹 망원경의 적외선 스캔을 통해 이 보이지 않는 광선을 눈으로 볼 수 있게 되었다. 이런 성능을 발휘하려면 웹 망원경은 대단히 낮은 온도를 유지해야 하고 경쟁 신호를 피하기 위해 다른 적외선 광원으로부터 멀리 떨어져 있어야 한다. 그래서 허블처럼 지구와 548km밖에 떨어져 있지 않은 위치에 둘 수 없다. 타오르는 모닥불 옆에 서서 체온

을 측정하려고 하는 것과 같기 때문이다. 웹 망원경은 지구와 150만 km 이상 떨어진 제2라그랑주점(L2)으로 발사되었다. 그리고 이 안정적인 위치에서 태양광이 민감한 검출기에 닿지 않도록 차양막을 펼치고 있다.

웹 망원경에서 가장 화제가 되는 특징은 바로 거울이다. 여기에는 그럴 만한 이유가 있다. 허블 망원경에서 빛을 모아 집중시키는 장치인 거울의 지름은 2.4m다. 반면 웹 망원경의 거울 지름은 무려 6.5m다. 따라서 이를 실을 만큼 너비가 넓은 로켓이 없었다. 그때 혁신적이고 역사적인 해결책이 나왔다.

웹 망원경의 거울을 금으로 코팅된 지름 1.3m의 육각형 거울 18장으로 나눈 것이다. 우주 공간에 도달하면 접혀 있던 거울들이 펼쳐진 후 자동으로 조립돼 차양막 뒤에 숨은 완전한 구경의 거울이 된다. 웹 망원경은 워낙 먼 곳에 있기 때문에 허블 망원경처럼 사람이 직접 가서 수리하는 것이 불가능하다. 그래서 웹 망원경이 그동안 한 번도 시도된 적 없는 이 세심하게 짜여진 절차를 아무 문제없이 완료했을 때 전 세계의 천문학자들은 일제히 안도의 한숨을 내쉬었다.

이 글을 쓰고 있는 지금 제임스 웹 우주 망원경은 몇 달씩 걸리는 일련의 실험들을 수행하고 있다. 모든 것이 순조롭게 진행된다면 열성적인 과학자들은 이 망원경을 이용해 더 광범위한 현상을 관측할 수 있을 것이다. 우주에 관한 가장 큰 미스터리인데, 예를 들면 '생명체가 살 수 있는 행성이 존재할까?' '블랙홀이란 정확히 뭘까?' 등이다.

허블 망원경은 빅뱅 이후 4억 년이 지난 시점밖에 관측하지 못했지만 웹 망원경은 빅뱅과 더 가까운 시기, 인류가 한 번도 본 적 없는 시간 속으로 우리를 데려갈 수 있을 것이다. 그렇다면 어떻게 항성, 행성,

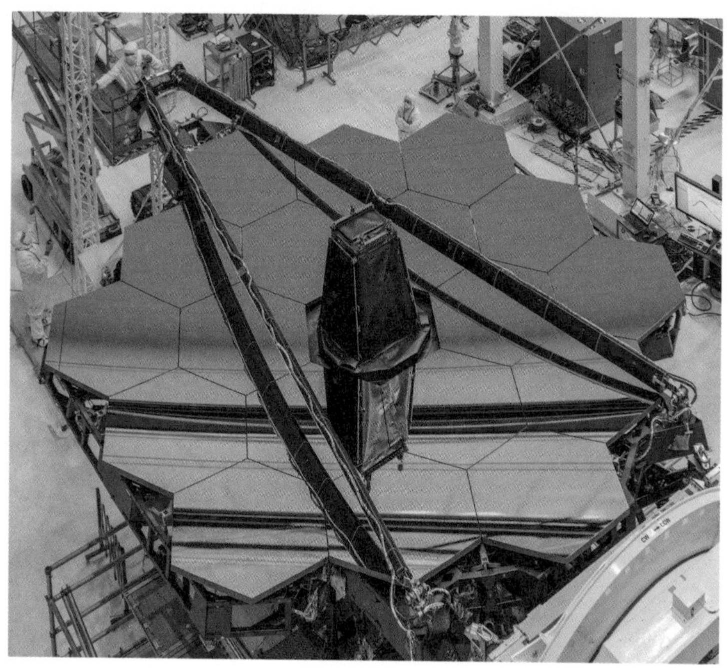

▲ 공학 기술의 정수인 웹 망원경의 거울은 허블 망원경의 약 7배에 달하는 집광력을 자랑한다.

은하들로 이루어진 이 놀랍고도 어지러운 세계가 만들어졌는지 이해할 수 있게 될지도 모른다.